高等职业教育 **烹调工艺与营养专业** 规划教材

食品艺术

主　编　罗桂金

副主编　叶　强　蔡　伟　潘　口

　　　　王广宇　蒋　楠

参　编　杨亚东　罗来庆　刘　瑞

　　　　高庆昌

重庆大学出版社

内容提要

本书是职业教育改革示范校建设的核心成果,同时,本书也是高等职业教育烹调工艺与营养专业规划教材之一。根据专业建设需要,本书以全新的视角展示食品艺术精髓,采用"以项目为引领,以任务为中心,以典型产品为载体"的项目编写方法,用图片的形式将工艺流程一一展示出来,注重基础和基本功的实战训练,剖析和揭秘了食品雕刻技艺的难点、疑点。

本书以实践应用为主旨,分为食品雕刻基础知识、基本功训练、花卉类、鸟类、祥兽类、鱼虫类、瓜雕类7个项目,共计60个任务。

本书可作为职业学校中餐烹饪专业的实训教材,也可作为相关行业专业人员技能培训教材和参考用书。

图书在版编目(CIP)数据

食品艺术 / 罗桂金主编. —— 重庆:重庆大学出版社,2019.8
高等职业教育烹调工艺与营养专业规划教材
ISBN 978-7-5689-1597-7

Ⅰ.①食… Ⅱ.①罗… Ⅲ.①凉菜—制作—高等职业教育—教材②食品雕刻—高等职业教育—教材 Ⅳ.
①TS972.114

中国版本图书馆CIP数据核字(2019)第109113号

高等职业教育烹调工艺与营养专业规划教材
食品艺术

主 编 罗桂金
策划编辑:沈 静

责任编辑:李桂英　　　　版式设计:博卷文化
责任校对:王 倩　　　　责任印制:张 策

*

重庆大学出版社出版发行
出版人:饶帮华
社址:重庆市沙坪坝区大学城西路21号
邮编:401331
电话:(023)88617190　88617185(中小学)
传真:(023)88617186　88617166
网址:http://www.cqup.com.cn
邮箱:fxk@cqup.com.cn(营销中心)
全国新华书店经销
重庆共创印务有限公司印刷

*

开本:787mm×1092mm　1/16　印张:11.25　字数:276千
2019年8月第1版　2019年8月第1次印刷
印数:1—3 000
ISBN 978-7-5689-1597-7　定价:49.00元

PREFACE

前 言

　　随着我国经济的蓬勃发展，人们的生活水平不断提高，对饮食的要求也不断提高。人们不仅重视菜肴的味道、营养、卫生，而且注重菜肴的造型、色泽。食品艺术是烹饪工作者的一项重要应用技术和拓展技能。它能满足人们对食品造型艺术、色彩搭配等方面的追求。通过对菜肴进行点缀、装饰，使普通菜肴变成一件件赏心悦目的工艺菜品。人们在品尝美味佳肴的同时，也感受到烹饪艺术的氛围，获得美的享受。

　　本教材以实践应用为主旨，分为食品雕刻基础知识、基本功训练、花卉类、鸟类、祥兽类、鱼虫类、瓜雕类7个项目，共计60个任务，主要有以下3个特色：

　　1. 项目任务化

　　本教材以项目为引领、以任务为中心。学生在完成作品的过程中进行学习、设计、制作，增强了主观能动性。同时，学生也在制作过程中逐步掌握知识，并且能够灵活运用知识。

　　2. 实用性

　　本教材注重基础知识和基本功的实际操作，循序渐进，从基本手法、刀法训练开始，从易到难，逐步提升。每个项目中的任务都包含了星级酒店和餐饮市场上比较流行的食品造型，突出时效性和实用性。

　　3. 图文并茂

　　每个实践操作步骤以展示细节步骤的图片和操作视频为主，配合生动的文字讲解，进行直观的展示。学生通过视频、图片和文字讲解能够按部就班地学习操作技能，了解操作关键，感受雕刻效果。

　　本教材由罗桂金（江苏省淮阴商业学校，高级技师、江苏省传统技艺技能大师、高级工艺美术师）担任主编；叶强（江苏省淮阴商业学校，高级技师），蔡伟（江苏省淮阴商业学校，技师），潘吉（江苏省淮阴商业学校，技师），王广宇（南京商业学校，高级技师），蒋楠（常州旅游商贸高等职业技术学校，高级技师）担任副主编；杨亚东（江苏省淮阴商业学校，高级技师），罗来庆（江苏食品药品职业技术学院，高级技师），刘瑞（江苏省淮阴商业学校，技师），高庆昌（江苏省淮安工业中等专业学校，高级技师）参与编写。在教材的编写过程中，我们参考了一些专家的著作，在此一并表示感谢。

　　由于编者水平有限，书中难免有不足之处，敬请读者批评指正，以便进一步修订完善。

编　者
2019年5月

目　录

目　录

目 录

项目7 瓜雕类

项目1

食品雕刻基础知识

【内容提要】

　　本项目主要学习食品雕刻基础知识，包括食品雕刻的起源与发展、分类、原料选择、制作程序等内容。

任务1　食品雕刻的起源与发展

中国食品雕刻历史悠久，大约在春秋时《管子》一书中曾提到"雕卵"，即在蛋上进行雕画。这可能是世界上最早的食品雕刻了。隋唐时，又在酥酪、鸡蛋、脂油上进行雕镂，并装饰在饭的上面。清代李斗《扬州画舫录》记载："取西瓜，皮镂刻人物、花卉、虫、鱼之戏，谓之西瓜灯。"

食品雕刻真正得到继承、发展与创新，是在20世纪90年代。随着中国经济的飞速发展，人们的生活水平不断提高，越来越追求饮食之美。各地烹饪技艺不断交流交融，使食品雕刻技艺得到了空前发展。特别是在行业里涌现出一大批中青年食品雕刻艺术大师，他们继承了中国传统的木雕、根雕、石雕的技艺技法，形成了南派、北派、海派等食雕艺术流派，使中国的食品雕刻走出国门，走向世界。

任务2　食品雕刻的分类

1.2.1　根据雕刻原料分类

1）果蔬雕

果蔬雕以日常生活中常见的瓜果蔬菜作为原料。这类雕刻原料成本低，颜色鲜艳，取材容易，在行业中广泛应用于主题点缀和菜肴装饰。如雕刻玉兰花，传统的一般选择茭白为原料，龙凤呈祥一般选用南瓜作为原料。

2）黄油雕

黄油雕是选用硬度大、可塑性强的人造黄油为原料（人造黄油28 ℃左右会软化，34 ℃以上就会液化，凝固点为10 ℃，所以雕刻的温度一般控制在15 ℃左右），运用雕塑工具，通过雕与塑完成的作品。黄油雕的保存时间较长，一般在一年左右。果蔬雕是由表到里去掉多余的部分，是一个减料的过程，而黄油雕是一个加料的过程。

3）糖雕

糖雕又称糖塑，以糖粉、饴糖、白糖作为原料，其造型优美，色彩洁白或艳丽华贵。糖雕工艺分为糖粉工艺、脆糖工艺和拉糖工艺。

4）冰雕

冰雕的特点是观赏性强，操作难度大，操作时要有适当的温度，操作时间短（操作温度要求在0 ℃，时间一般在40分钟左右）。冰雕选用冰块作为原料，结合各种工具，运用不同手法雕琢大型作品，一般运用圆雕和浮雕手法，有时根据冰块的特点也制作两面雕。它强调体面结合，力求轮廓鲜明，是大型宴会、鸡尾酒会、冷餐会中的常用装饰品，并借助不同颜色的投射灯光来照射，以衬托其美感，增加玲珑剔透的效果。

5）琼脂雕

琼脂雕是以琼脂为原料，将其浸泡蒸溶后加入果蔬汁或者食用色素，冷却成初形后，再用不同刀法将其制作成为不同风格题材的雕刻作品。琼脂雕的原料不受地域性、季节性限制，成品如美玉，似翡翠，晶莹剔透，给人强烈的视觉美感。其成品和废料可溶化后调入合适的颜色再凝固，又可雕刻成新的作品反复使用，能有效降低成本。

另外，近年来，在很多宴会场合、各类美食节展台上和大型的烹饪活动中，频频出现以泡沫为原料雕刻的作品。这类作品体积大、立体感强，造型气势磅礴，有些涂抹黄油，有些喷上相应的颜色，也有些保持泡沫的本色。它的出现丰富了活动的氛围，弥补了果蔬雕刻难以长时间保存、作品造型受局限的缺点，推进了烹饪雕刻艺术的发展，但泡沫毕竟不属于食品，不能列入食品雕刻的行列，它只是烹饪雕刻艺术长流中一个异样的亮点。

1.2.2 根据雕刻工艺分类

1）整雕

整雕又称圆雕，是选用体形较大的一块原料雕刻成一个独立完整的立体作品，形象逼真，具有完整性和独立性，不需要其他雕刻制品的参与和衬托，不论从哪个角度来看，立体感都较强，具有较高的欣赏价值。这种雕刻难度系数最大，需要具有一定的美学基础和立体雕刻技艺。

2）组合雕

组合雕又称零雕组装，因果蔬原料体积、大小、形状不一，雕刻作品的大小形态受到了限制，故组合造型能延伸空间、造就空间，常用多块的原料分别雕刻成作品的各个部分，然后再组装成完整的物体形象，或者将原料用502胶水根据作品造型需要粘在一起再进行雕刻。组合雕具有色彩丰富、雕刻方便、成品立体感强、形象逼真的特点，是一种比较理想的雕刻形式，特别适合一些组件和体形较大的物体。

3）浮雕

浮雕即浮于表皮的平面雕，一般分为阳文雕和阴文雕。它是利用原料表皮与肉质颜色的差异，在原料的表平面雕刻出凹凸的各种图形花纹，其装饰性强，图案简洁，常用于西瓜盅、冬瓜盅、花瓶等的制作。

4）镂空雕

镂空雕指将西瓜、冬瓜等的瓜子、瓜皮去掉，在瓜皮表面刻画图案，把不需要的部分的瓜皮挖去，刻成具有空透特色的雕刻方式。有些在作品中间点上蜡烛，从空隙的作品中透出烛光，别有一番情趣，如扬州瓜灯等。

任务3 食品雕刻的原料选择

可用于食品雕刻的原料很多，凡质地细密、坚实，色泽鲜艳的瓜果或根茎类蔬菜均可。选用这些原料时，一要新鲜、质地好，以脆嫩不软、肉中无筋、肉质细密、内实而不空为佳。二要形态端正，特别是要选择适合雕刻作品所需要的形态的原料，这样，一方面可以减少修整工作，另一方面也容易雕刻出美观的形象。三要色泽鲜艳而光泽，雕刻多是运用原料的自然色泽，并加以巧妙搭配，达到绚丽多彩的效果。

1.3.1　根茎类原料

1）心里美萝卜

心里美萝卜，又称西瓜萝卜，体大肉厚，色泽鲜艳，质地脆嫩，外皮呈淡绿色，肉呈粉红色、玫瑰红色或紫红色，肉心紫红色。适合雕刻各种花卉（图1.1）。

图1.1

2）白萝卜

白萝卜适合雕刻花卉、孔雀、鸟类等（图1.2）。

图1.2

3）胡萝卜

胡萝卜形状较小，颜色鲜艳，适合雕刻点缀的花卉及小型的禽鸟、鱼、虫等（图1.3）。

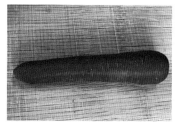

图1.3

4）土豆

土豆以肉色洁白、个大体圆的为好。其用途是刻制各种花卉，如月季、牡丹、玫瑰花、睡莲等（图1.4）。

图1.4

5）香芋

有些地方称香芋为荔浦芋头、魔芋。香芋水分较少，淀粉较多，刻出的作品细腻清晰，自然渗出的淀粉如同擦抹了一层脂粉，适合雕刻鸟兽、山水、风景、人物等（图1.5）。

图1.5

1.3.2　瓜果类原料

瓜果类原料可以利用表面的颜色、形状，雕刻瓜盅、瓜灯、瓜盒、瓜杯等，用来盛装食品、菜肴及起点缀作用。

1）西瓜

西瓜体圆形美，瓜瓤红、白、绿相间，可浮雕各种图案，制成西瓜盅、西瓜花篮、西瓜灯等（图1.6）。

图1.6

2）冬瓜

冬瓜又名枕瓜，一般外形似圆桶，形体硕大，内空，皮呈暗绿色，外表有一层白色粉状物，肉质为青白色（图1.7）。

图1.7

3）南瓜

南瓜体大肉厚，一般制作各种较大的龙、凤、鸟以及人物、山水、建筑等，也可浮雕各种图案，制作南瓜盅、南瓜花篮，是雕刻的主要原料（图1.8）。

图1.8

任务4　食品雕刻的制作程序

食品雕刻与其他美术作品一样，都有从命题构思到选料制作的复杂的创作过程，每一步都相互依赖、相互牵制。食品雕刻的制作程序为命题、设计、选料和雕刻四个环节。食品雕刻的原则一般包括选用题材的正确性，突出原料的优点性，讲究雕品的艺术性，讲究雕品的实用性，应用雕品的科学性等几个方面。

1）命题

命题就是确定作品的主题。命题要根据即将进行的美食活动的背景来确定，如美食活动的主题、场地大小、展台规格，宴会的主题、性质、规格、要求，以及菜肴品种、盆子大小。

2）设计

命题确定后，要根据确立的主题和实际使用的要求设计表现形式。设计出的作品在名称、规格、造型上要反复推敲、修改，力求与菜肴或美食活动贴切，以达到美化菜点、调节宴会气氛、使与宴者心情舒畅的目的。特别是作品要贴合主题，寓意深刻，雕品题材还应满足宾客风俗习惯，如日本人忌用荷花，法国人忌用黄色等。在设计雕品时，应根据主题、规格和饮食对象，表现出思想性、季节性、针对性、艺术性、科学性。

3）选料

作品设计定稿定性后，就要根据所设计作品的内容、形态进行选料。选料包括颜色、大小、形状、质地都要符合作品的特点，以及选用相应的陪衬原料。小型的雕件有时根据原料的本身形态、色泽进行构造设计，可雕刻成巧妙的作品。

4）雕刻

雕刻就是根据主题设计的要求，拟订作品的形状特征，根据原料的性能，运用不同的刀法，施展艺术才华，先表现大致轮廓，再细致雕琢成型，最后打磨或加上小雕件对作品进行装饰。

 任务5　雕刻成品的保存方法

食品雕刻作品于欣赏时间和保存期而言，是一种费工费时的奢侈艺术观赏品。加上雕刻原料大都含有较多的水分和某些不稳定的元素，如果作品保管不当，很容易变形、变色、损坏。因此，必须加以珍惜，妥善保管，以延长它的艺术生命。

雕刻成品的保存主要是对果蔬雕而言，其保存方法通常有以下5种：

1）水浸泡保鲜法

把雕刻成品放入清水浸泡，以淹没雕品为宜，然后放入1～2℃的保鲜冰箱里，这样可以相对延长保存时间。这是一种常用的简易方法，适用保管点缀用的小件和正在进行雕刻的半成品。容易褪色的原料一般不宜用水浸泡保鲜法，如心里美萝卜、琼脂等。像南瓜雕刻的作品或者雕刻一半的作品，一般选用湿抹布包裹再放保鲜冰箱的方法进行保存。

2）明矾水浸保险法

把雕刻成品放入浓度为百分之一的明矾水溶液中浸泡，以防止干瘪，同时，延长寿命。若在浸泡过程中发现白矾水浑浊现象，应及时更换同样浓度的白矾水继续浸泡。另外，在存放雕刻成品的冷水中加入几片维生素C片，也可以使雕刻成品较长久地存放。明矾水浸泡保险法可以和冷藏法结合使用。

 任务6　雕刻的作用

食品雕刻在烹饪中有着不可估量的作用，是当今烹饪技术中不可缺少的组成部分。它不仅美化了宴席和菜肴，也使宴会（菜肴）突出了主题，烘托了氛围，使菜肴和雕刻在寓意与形态上达到和谐一致，令人赏心悦目、回味无穷，雕刻的作用包括点缀装饰、点睛补充、盛装美化、借物寓意。

1）点缀装饰

食品雕刻常常用于菜肴的装饰：在菜肴中加以雕件做配料，使其形色兼备；在菜盆边上放上与菜肴相适应的雕件，使其生机益然；在展台中配以雕刻作品，使其添光加彩。

2）点睛补充

食品雕刻有时雕只龙头，刻顶凤冠，是为了补充一些花式冷盘和花式热菜，如"龙凤呈祥""孔雀鳜鱼"等，放上龙头、凤冠使整个菜肴的形象完整，菜肴形象更加生动，色彩更加艳丽。

3）盛装美化

食品雕刻中的各类瓜盅，在实际使用中取代了菜肴的盛器，起到了盛装的作用。又因为瓜盅雕刻精致，在盛装的同时美化了菜肴，突出了整体形象，增加了艺术性。

4）借物寓意

食品雕刻作品常出现在盛大的宴会，以及中、小型宴席宴会上。其作品不仅起点缀装饰、盛装美化的作用，更有着烘云托月、锦上添花的艺术效果，特别是它代表着活动的主题，反映宴会的活动内容，寄予着人们的期盼，具有积极奋进 进、和谐美好的寓意。

任务7 食品雕刻的工具

1.7.1 食品雕刻的常用工具

1）切刀

切刀一般用于切段、切块、切条、切丝等。可以横切、纵切、斜切（图1.9）。

图1.9

2）手刀

手刀窄、薄、锋利，使用灵活，作用广泛，是雕刻中最常用的刀具，主要用于切、割、刻、削、旋等（图1.10）。

图1.10

3）圆口戳刀（U形戳刀）

圆口戳刀有4～8种型号（图1.11）。

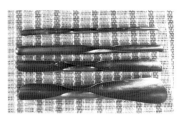

图1.11

4)V形戳刀

V形戳刀刀身与刀刃均呈V形的槽形（图1.12）。

图1.12

5）掏刀、拉线刀、木刻刀

掏刀刀身与刃都呈椭圆形，一般用来制作动物的肌肉线条、假山等。拉线刀刀身呈菱形，一般用来拉制线条与纹路。木刻刀和U形刀、V形刀一样，一般有两种：刀身呈U形和V形，只是都是外开刃（图1.13）。

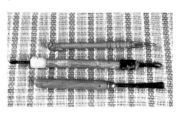

图1.13

1.7.2 磨制食品雕刻刀具的方法

①切刀、手刀磨制时要先磨里口刀刃，以防磨时卷刀。在磨外口刀刃时，可将卷刃磨掉。磨里口时要沿刀刃坡度将刀与磨石紧贴，不可将刀背抬高或刀面与磨石紧贴。要将刀刃的坡度与磨石贴紧，注意刀刃的坡度。适当加水，反复摩擦。磨完里口刃，再翻过来磨外口刃，磨时同样将整个刀面与磨石贴紧，前后推磨，注意加水。

②圆口戳刀磨外口刀刃时，将刀口放在磨石上，然后随着弧形左右旋转磨，磨好后，为了避免卷刀，再轻磨一下里口刀刃。磨里口刀刃时，利用磨石的棱角部位，把弧形刀口扣在磨石边角的棱角上，左右旋转着磨，磨完里口刃，再轻磨几下外刀刃，去掉卷刃。

③三角戳刀也有里口刃和外口刃，磨外口刃时将刀放置在磨石的平面上，刀的角呈30~40°夹角，先磨刀的一边，然后再磨另一边，磨时要左右横向磨；但一定要注意，若刀与油石面倾斜角度过大，容易造成卷刀，若角度太小，又容易把刀刃斜面磨掉。磨里口刀刃时沿着磨石的棱角，前后推拉磨刀，磨完里口刃后，把刀刃翻过来，放在磨石的平面

上顺势轻拉几下，去掉卷刃。

1.7.3   食品雕刻常用的刀法

在雕刻过程中，常常要采用多种施刀方法。食品雕刻常用的刀法主要有以下几种：

1）旋

旋的刀法多用于各种花卉的刻制，它能使作品圆滑、规则，分为内旋和外旋。外旋适合由外层向里层刻制的花卉，如月季、玫瑰等；内旋适合由里向外刻制的花卉或两种刀法交替使用的花卉，如马蹄莲、牡丹花等。

2）刻

刻的刀法是雕刻中最常用的刀法，它始终贯穿在雕刻过程中。

3）戳

戳的刀法多用于花卉和鸟类的羽毛、翅、尾、奇石异景、建筑等作品，它是由U形、V形戳刀所完成的一种刀法。

4）拉、掏

拉、掏的刀法是指用拉线刀或掏刀在雕刻的物体上，拉、刻出线条，或用掏刀掏出具有一定深度弧度的一种刀法。

5）画

画的刀法，对雕刻大型的浮雕作品较为适用，它是在平面上表现出所要雕刻的形象的大体形状、轮廓。如雕刻西瓜盅时多采用此种刀法，一般使用斜口刀。

6）削

削的刀法是指把雕刻的作品表面"修圆"，即达到表面光滑、整齐的一种刀法。

7）镂空

镂空的刀法是指雕刻作品时达到一定的深度或透空时所使用的一种刀法。

1.7.4   食品雕刻的手法

1）横刀手法

横刀手法是指右手四指横握刀把，拇指贴于刀刃的内侧。在运刀时，四指上下运动，拇指则按住所要刻的部位，在完成每一刀的操作后，拇指自然回到刀刃的内侧。此种手法适合各种大型整雕及一些花卉的雕刻。

2）纵刀手法

纵刀手法是指四指纵握刀把，拇指贴于刀刃内侧。在运刀时，腕力从右至左匀力转动。此种手法适合雕刻表面光洁、形体规则的物体，如各种花蕊的坯形、圆球、圆台等。

3）执笔手法

执笔手法是指握刀的姿势形同握笔，即拇指、食指、中指捏稳刀身。此种手法适合雕刻浮雕画面，如西瓜盅等。

4）戳刀手法

戳刀手法与执笔手法大致相同，区别是小指与无名指必须按在原料上，以保证运刀准确，不出偏差。

1.7.5 怎样才能学好食品雕刻

随着人们生活水平的提高，大家不仅注重菜肴的口味和多样化，而且对菜肴的色泽和造型审美也有了新的要求，这就要求培养掌握和精通食品雕刻的厨师队伍，广大厨师和食品雕刻爱好者必须具备很好的审美眼光和艺术造型的能力。这些能力包括：

①培养兴趣。

②苦练基本功。

③积极进取，虚心学习。

④提高艺术素养。

⑤要善于总结经验。

⑥要有坚强的毅力。

项目2

基本功训练

【内容提要】

本项目的主要内容是基本功的练习，以刀法、手法学习训练为主，打好基础，循序渐进，为后面的学习作好准备。

任务1　胡萝卜球

[任务]

合理、准确地把握胡萝卜球的形态，运用合适的刀法做出标准的胡萝卜球。

[目标]

通过本任务的教学，掌握握刀姿势，掌握刻、旋等基本技法，并能较熟练地使用这些刀法。

1）原料选择

胡萝卜（或南瓜、白萝卜等）。

2）刀具选用

片刀、平口刀。

3）雕刻刀法

旋刀法、刻刀法。

4）雕刻过程

①取一根胡萝卜，切成直径相等的段（图2.1）。

图2.1

②左手拿胡萝卜段，右手握刀先雕出一个圆面（图2.2和图2.3）。

图2.2

图2.3

③将胡萝卜换个面，用同样的方法雕出另一个圆面（图2.4和图2.5）。

图2.4　　　　　　　　　　　　　　　　图2.5

④用旋刀法去掉每个棱角，使每一面都成一个圆（图2.6～图2.8）。

图2.6　　　　　　　　　　图2.7　　　　　　　　　　图2.8

⑤将一些细小的棱角刮去即可（图2.9和图2.10）。

图2.9　　　　　　　　　　图2.10

[任务评价]

评 分 标 准

指　标	总　分	分　值	评分标准
胡萝卜球	80	40	球面光滑无棱角，球体成正圆。
		40	与规定大小相符，球面较光滑。
卫生	20	20	成品整洁，装盘卫生，操作行为规范，操作过程清洁卫生。

小 贴 士

1. 胡萝卜球的大小一般控制在3厘米最为美观灵巧。

2. 运刀自然流畅，不宜多停顿，以确保刀面平整、光滑。

能力拓展

水果球

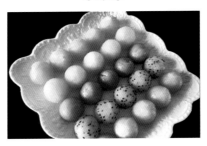

图2.11

 任务2 橄榄土豆

[任务]

重点巩固削、旋刀法，利用这些刀法雕出橄榄形。

[目标]

通过本任务的教学，了解橄榄形的标准特征，利用刻、旋等基本技法，以及平面角度的刀工处理，掌握橄榄形状的制作方法。

1）原料选择

土豆（或南瓜、白萝卜等）。

2）刀具选用

切片刀、平口刀。

3）雕刻刀法

旋刀法、刻刀法。

4）雕刻过程

①取一个土豆，切成长5～6厘米、直径1.2～1.8厘米的段（图2.12）。

图2.12

②左手拿土豆，右手握刀从土豆的一端下刀成铅笔刨刀状旋去一边的废料成锥形（图

2.13～图2.15）。

图2.13　　　　　　　　　　图2.14　　　　　　　　　　图2.15

③换另外一端，用同样的方法旋出锥形（图2.16和图2.17）。

图2.16　　　　　　　　　　　　　图2.17

④用旋刀法再将原料修匀称即可（图2.18～图2.20）。

图2.18　　　　　　　　　　图2.19　　　　　　　　　　图2.20

[任务评价]

评 分 标 准

指　标	总　分	分　值	评分标准
橄榄土豆	80	40	两边对称，长短、直径符合要求，表面光滑无棱角。
		40	与规定大小相符，刀面较光滑。
卫生	20	20	成品整洁，装盘卫生，操作行为规范，操作过程清洁卫生。

小 贴 士

1.切大形时一定要按照长5～6厘米、直径1.2～1.8厘米的标准。

2.运刀自然流畅，不宜多停顿，以确保刀面平整、光滑。

能力拓展

玉橄榄

图2.21

任务3 四角花

[任务]

用手刀以切、刻、削的技法做出四角花。

[目标]

通过本任务的教学，掌握切刀、手刀、戳刀的外形特点和握刀姿势、运用方法，以及刻、削、戳等基本技法，并能较熟练地使用这些刀具。

1）原料选择

胡萝卜（或南瓜、白萝卜、胡萝卜等）。

2）刀具选用

切片刀、手刀、平口刀。

3）雕刻刀法

旋刀法、刻刀法。

4）雕刻过程

①将胡萝卜切成切面为正方形的长段。用手刀将4个棱角去掉，做出花瓣的大形（图2.22和图2.23）。

图2.22

图2.23

②用手刀刻出花瓣（图2.24和图2.25）。

图2.24   图2.25

③也可以用推刀的方法刻出花瓣（图2.26和图2.27）。

图2.26   图2.27

④还可以用V形戳刀先戳出装饰线条，再做出花瓣（图2.28和图2.29）。

图2.28   图2.29

⑤成品图（图2.30）。

图2.30

[任务评价]

评 分 标 准

指　标	总　分	分　值	评分标准
四角花	80	30	花瓣厚薄长度适当，花形多样，形象逼真，色彩自然。
		30	花形美观，色彩自然，花瓣厚薄比较适当，层次、角度控制较好。

续表

指　标	总　分	分　值	评分标准
四角花	80	20	花形一般，有少量花瓣有刀口。
卫生	20	20	成品整洁，装盘卫生，操作行为规范，操作过程清洁卫生。

小 贴 士

1. 初修成的坯料，一定要切成切面为正方形的长段。

2. 去废料取花瓣大形时要将花瓣修细长点。

3. 在取花瓣时，刀尖到底要收点。

能 力 拓 展

四角花

图2.31

 任务4　夹刀片蝴蝶

[任务]

重点巩固切、批、刻刀法，利用这些刀法做出蝴蝶。

[目标]

通过本任务的教学，了解夹刀片制作简单蝴蝶的方法，并举一反三。

1）原料选择

心里美萝卜（或南瓜、白萝卜等）。

2）刀具选用

切片刀、平口刀、手刀。

3）雕刻刀法

批刀法、刻刀法。

4）雕刻过程

①取一个心里美萝卜切成薄薄的夹刀片（图2.32和图2.33）。

图2.32   图2.33

②用手刀刻出须部的大形（图2.34和图2.35）。

图2.34   图2.35

③用手刀刻出身体大形（图2.36和图2.37）。

图2.36   图2.37

④用U形戳刀与手刀做出翅膀的装饰花纹（图2.38和图2.39）。

图2.38   图2.39

⑤将刻好的蝴蝶打开即可（图2.40）。

图2.40

[任务评价]

评 分 标 准

指　标	总　分	分　值	评分标准
夹刀片蝴蝶	80	40	两边对称，厚薄一致，符合要求，造型生动美观。
		40	两边对称，图案生动。
卫生	20	20	成品整洁，装盘卫生，操作行为规范，操作过程清洁卫生。

小 贴 士

1. 切夹刀片一定要厚薄一致。
2. 可先画出蝴蝶的形状，再刻制。

能 力 拓 展

蝴蝶

图2.41

任务5　玲珑球

[任务]

合理、准确地把握正方形的形态，运用镂空的方法制作玲珑球。

[目标]

通过本任务的教学，掌握握刀姿势，掌握刻、削等基本技法，并能较熟练地使用这些刀法。

1）原料选择

胡萝卜（或南瓜、白萝卜等）。

2）刀具选用

分料刀、手刀、切片刀、平口刀。

3）雕刻刀法

旋刀法、刻刀法。

4）雕刻过程

①取一根胡萝卜，用分料刀切一个近3厘米的段（图2.42）。

图2.42

②将胡萝卜段切成正方体（图2.43），用手刀去掉每个角，大小位置在每个边长的1/2处（图2.44）。

图2.43　　　　　　　　　　图2.44

③将正方体的每个角，用同样的方法去掉（图2.45）。

图2.45

④用手刀顺着每个横截面的边框刻出大形，削去边角的废料（图2.46～图2.48）。

图2.46

图2.47

图2.48

⑤用手刀将每面连接处的废料削除干净，将内心形成的球削光滑（图2.49和图2.50）。

图2.49

图2.50

[任务评价]

评 分 标 准

指　标	总　分	分　值	评分标准
玲珑球	80	40	外形规则，球面光滑无棱角，球体成正圆，转动自如。
		40	与规定大小相符，球面较光滑。
卫生	20	20	成品整洁，装盘卫生，操作行为规范，操作过程清洁卫生。

小 贴 士

1.去废料时，刀的角度要与原料倾斜呈15°角，去除废料后的原料才能成圆。

2.运刀自然流畅，不宜多停顿，以确保刀面平整、光滑。

能 力 拓 展

玉玲珑球

图2.51

项目3

花卉类

【内容提要】

本项目的主要内容是学习花卉类的雕刻。花卉雕刻是食品雕刻的基础，以训练基本刀法、手法为主。这些内容也是学习和提高雕刻技艺的关键。

任务1 三瓣月季花

[任务]

用手刀运用旋、刻的技法雕出三瓣月季花。

[目标]

通过本任务的教学，掌握切刀、平口刀等刀具的外形特点、握刀姿势、运用方法，掌握刻、旋等基本技法，以及较熟练地使用这些刀具。

1）原料选择

心里美萝卜（或南瓜、白萝卜、胡萝卜等）。

2）刀具选用

切片刀、手刀。

3）雕刻刀法

旋刀法、刻刀法。

4）雕刻过程

①将心里美萝卜对半剖开，稍事修整，使其成为碗形（图3.1）。

图3.1

②刻外层花瓣，在圆面上斜刀去掉1/2块废料取出第一片花瓣初坯，然后再用手刀雕出花瓣，注意在雕刻时用力要均匀，不能用力过猛，花瓣薄厚要均匀平滑（图3.2和图3.3）。

图3.2

图3.3

③在第一片花瓣下1/3处下刀去除废料（大小占1/2），第三片花瓣用同样的方法做出（图3.4和图3.5）。

图3.4　　　　　　　　　　　　　　　图3.5

④刻内层花瓣，月季花内层花瓣呈弧形，需用旋刀法，尖刀要达到与第一层花瓣同样的深度，不能浅也不能太过，花瓣要厚薄均匀、恰当（从上一片花瓣1/3处下刀，至下一花瓣1/3处去除废料）（图3.6和图3.7）。

图3.6　　　　　　　　　　　　　　　图3.7

⑤刻花苞，继续重复刻花瓣的步骤，一直往里刻。当剩下的萝卜变成锥形时，直接刻花瓣，每一片花瓣尽量要上下厚薄均匀。另外，特别强调要敢于去废料，初学者去废料时容易出现去得不够厚的情况，造成花瓣层次拥挤，不清爽（图3.8～图3.10）。

图3.8　　　　　　　　图3.9　　　　　　　　图3.10

[任务评价]

评 分 标 准

指　标	总　分	分　值	评分标准
月季花	80	30	花瓣厚薄适当，层次分明，花形多样，形象逼真，色彩自然。
		30	花形美观，色彩自然，花瓣厚薄比较适当，层次、角度控制较好。
		20	花形一般，有少量断裂花瓣，层次感差，花心收拢不自然，色彩运用不够合理。
卫生	20	20	成品整洁，装盘卫生，操作行为规范，操作过程清洁卫生。

小贴士

1. 初修成的坯料，上大下小，使花瓣呈向外开放状。

2. 运刀自然流畅，不宜多停顿，确保花瓣平整、光滑。

3. 去除废料时，刀尖紧贴外层花瓣根部，废料上宽下尖，呈"V"形，否则废料不易去除干净。

4. 花瓣上薄下稍厚，使花瓣柔美而具有韧性。

5. 花瓣的角度不断变化，由外展不断内扣直至收花心，最终呈圆锥形。

能力拓展

月季花

图3.11

 任务2 五瓣月季花

[任务]

运用旋、刻的技法雕出五瓣月季花。

[目标]

了解月季花的相关知识，掌握五瓣月季花在比例和花瓣大形上的各种制作方法。

1）原料选择

心里美萝卜（或南瓜、白萝卜等）。

2）刀具选用

切片刀、手刀。

3）雕刻刀法

旋刀法、刻刀法。

4）雕刻过程

①将心里美萝卜对半剖开，稍作修整，使其成为半圆形，用旋刀法将外皮去掉成半圆（图3.12和图3.13）。

图3.12　　　　　　　　　　图3.13

②刻外层花瓣，在圆面上均匀地去掉五块废料，分成五等份做好花瓣的大形（图3.14和图3.15）。

图3.14　　　　　　　　　　图3.15

③在每个花瓣大形上刻出一片片薄薄的花瓣（图3.16和图3.17）。

图3.16　　　　　　　　　　图3.17

④将第一层花瓣底下废料去掉，直至表面光滑成圆状；在第一层花瓣每片中间去掉废料，取出第二层花瓣的大形（图3.18和图3.19）。

图3.18　　　　　　　　　　图3.19

⑤继续用同样的方法刻出花瓣，然后去掉废料做出第三层花瓣（图3.20～图3.23）。

图3.20 　　　　　　 图3.21 　　　　　　 图3.22 　　　　　　 图3.23

⑥刻花苞，当刻到第四层花苞的时候，用三瓣月季花花瓣的方法先取出第一片花瓣，然后在它1/3处下刀取出第二片花瓣，依次做出花瓣（图3.24～图3.27）。

图3.24 　　　　　　 图3.25 　　　　　　 图3.26 　　　　　　 图3.27

⑦刻至成锥形时，用手刀去掉少许废料做出花苞即可（图3.28和图3.29）。

图3.28 　　　　　　　　　　 图3.29

[任务评价]

评分标准

指　标	总　分	分　值	评分标准
月季花	80	30	花瓣厚薄适当，层次分明，花形多样，形象逼真，色彩自然。
		30	花形美观，色彩自然，花瓣厚薄比较适当，层次、角度控制较好。
		20	花形一般，有少量断裂花瓣，层次感差，花心收拢不自然，色彩运用不够合理。
卫生	20	20	成品整洁，装盘卫生，操作行为规范，操作过程清洁卫生。

小贴士

1. 初坯料要修光滑，五等份要分均匀。

2. 去除废料时，刀尖紧贴外层花瓣根部，废料上宽下尖，呈V形，否则废料不易去除干净。

3. 花瓣上薄下稍厚，使花瓣柔美而具有韧性。

4.花瓣的角度不断变化，由外展不断内扣直至收花心，最终呈圆锥形。

能力拓展

月季花

图3.30

任务3　玫瑰花

[任务]

运用旋、刻的技法雕出玫瑰花。

[目标]

了解玫瑰花与月季花、牡丹花的不同之处，掌握盐渍的方法制作翻卷花瓣。

1）原料选择

土豆（或南瓜、心里美萝卜等）。

2）刀具选用

切片刀、手刀。

3）雕刻刀法

旋刀法、刻刀法。

4）雕刻过程

①用手刀将土豆底部打圆，取出花瓣的大形，用手刀刻出薄薄的花瓣（图3.31～图3.33）。

图3.31　　　　　　　　　图3.32　　　　　　　　　图3.33

②在第一片花瓣下1/3处下刀去掉废料，刻出第二片花瓣的大形（图3.34和图3.35）。

图3.34　　　　　　　　　　　图3.35

③用手刀刻出薄薄的花瓣，用同样的方法做出下一片花瓣的大形（图3.36和图3.37）。

图3.36　　　　　　　　　　图3.37

④用同样的方法雕出每层花瓣（图3.38和图3.39）。

图3.38　　　　　　　　　　图3.39

⑤当手刀和原料角度呈90°时开始收花心（图3.40～图3.43）。

图3.40　　　　　　图3.41　　　　　　图3.42　　　　　　图3.43

⑥刻花苞，当刻到第四层花苞的时候，手刀要依次向内倾斜，让花心形成锥形，刻至

锥形时，用手刀去掉少许废料做出花苞即可（图3.44～图3.47）。

图3.44 　　　　　　　图3.45 　　　　　　　图3.46 　　　　　　　图3.47

⑦用手指轻轻揉捏雕好的花瓣，然后将花瓣稍往外翻卷捏出小尖即可（图3.48和图3.49）。

图3.48 　　　　　　　　　　　图3.49

⑧成品图（图3.50和图3.51）。

图3.50 　　　　　　　　　　　图3.51

[任务评价]

评 分 标 准

指　标	总　分	分　值	评分标准
玫瑰花	80	30	玫瑰花带花心至少5层，直径5～7厘米，形态逼真，花瓣完整，厚薄均匀。
		30	花形美观，去料干净。
		20	花形一般，没有达到规定的层次，花心收拢不自然，色彩运用不够合理。
卫生	20	20	成品整洁，装盘卫生，操作行为规范，操作过程清洁卫生。

小 贴 士

1. 花瓣大形呈心形。

2.去除废料时，刀尖紧贴外层花瓣根部，废料上宽下尖，呈V形，否则废料不易去除干净。

3.花瓣上薄下稍厚，使花瓣柔美而具有韧性。

4.花瓣的角度不断变化，由外展不断内扣直至收花心，最终呈圆锥形。

5.雕好后，用手指轻轻揉捏花瓣，然后将花瓣稍往外翻卷捏出小尖。

能 力 拓 展

玫瑰花

图3.52

 **任务4 大丽花**

[任务]

用V形戳刀或U形戳刀制作大丽花。

[目标]

了解并掌握戳的技法，学会戳刀的使用方法。

1）原料选择

心里美萝卜（或南瓜、白萝卜等）。

2）刀具选用

切片刀、手刀、U形戳刀、V形戳刀。

3）雕刻刀法

刻刀法、戳刀法。

4）雕刻过程

①取心里美萝卜切成段，用手刀将其刻成半圆形，再用手刀将花心的位置切成锥形（图3.53和图3.54）。

图3.53   图3.54

②用最小号V形戳刀戳出第一层花瓣，去掉薄薄的废料，再换大一号的U形戳刀戳出第二层花瓣（图3.55和图3.56）。

图3.55   图3.56

③去掉废料，用U形戳刀再戳出第三层花瓣（U形戳刀依次变大）（图3.57和图3.58）。

图3.57   图3.58

④用同样的方法，依次做出下面几层的花瓣（图3.59～图3.62）。

图3.59   图3.60   图3.61   图3.62

⑤将花瓣戳好后用手刀取下，去掉废料即可（图3.63和图3.64）。

图3.63

图3.64

[任务评价]

评 分 标 准

指 标	总 分	分 值	评分标准
大丽花	80	30	花瓣厚薄适当，层次分明，花形多样，形象逼真，色彩自然。
		30	花形美观，色彩自然，花瓣厚薄比较适当，层次、角度控制较好。
		20	花形一般，有少量断裂花瓣，层次感差，花心收拢不自然，色彩运用不够合理。
卫生	20	20	成品整洁，装盘卫生，操作行为规范，操作过程清洁卫生。

小 贴 士

1.戳：一般用V形戳刀或U形戳刀操作，用于雕刻某些呈V形、U形及细条的花瓣、羽毛等。此操作方法比较简单，且用途很广。戳分为直戳、曲线戳、撬刀戳、细条戳、翻刀戳。

2.直戳：使用V形戳刀、U形戳刀，左手托住原料，右手拇指和食指捏住刀的中部，刀身压在中指第一节手指上，呈握钢笔姿势，刀口向前或向下，平推或斜推进原料，这样层层插空。如大丽花、鱼鳞及鸟类的羽毛都采用这种刀法雕刻而成。

3.曲线戳：使用V形戳刀或U形戳刀操作，主要是用于雕刻细长又弯曲较大的花瓣、鸟类的羽毛等。雕刻的方法是将刀尖对准所刻部位呈"S"形弯曲前进，这样刻出的线条就是曲线形。

能 力 拓 展

大丽花

图3.65

任务5 睡 莲

[任务]

用V形戳刀制作睡莲。

[目标]

了解并掌握曲线戳的技法，学会戳刀的使用方法。

1）原料选择

白萝卜（或南瓜、心里美萝卜等）。

2）刀具选用

切片刀、手刀、V形戳刀。

3）雕刻刀法

刻刀法、戳刀法。

4）雕刻过程

①取白萝卜切段，用手刀将其花心部位刻成锥形，用V形戳刀戳出花心（图3.66和图3.67）。

图3.66 图3.67

②用最小号V形戳刀戳出第一层花瓣，去掉薄薄的废料，再换大一号的V形戳刀戳出第二层花瓣（图3.68和图3.69）。

图3.68 图3.69

③去掉废料，用V形戳刀戳出第三层花瓣，用同样的方法依次做出下面几层的花瓣（V形戳刀依次变大）（图3.70和图3.71）。

图3.70

图3.71

④花瓣戳好后用手刀取下，去掉废料即可（图3.72和图3.73）。

图3.72

图3.73

[任务评价]

评 分 标 准

指　标	总　分	分　值	评分标准
睡莲	80	30	花瓣厚薄适当，层次分明，花形多样，形象逼真，色彩自然。
		30	花形美观，色彩自然，花瓣厚薄比较适当，层次、角度控制较好。
		20	花形一般，有少量断裂花瓣，层次感差，花心收拢不自然，色彩运用不够合理。
卫生	20	20	成品整洁，装盘卫生，操作行为规范，操作过程清洁卫生。

小 贴 士

曲线戳制作睡莲花瓣的方法是将刀尖对准要刻部位呈下深上翘前进，这样刻出的线条就是曲线形。

能力拓展

睡莲

图3.74

 任务6 三瓣牡丹花

[任务]

运用旋、刻的技法雕出三瓣牡丹花。

[目标]

了解牡丹花的相关知识，掌握旋刻技法，掌握"三度"（角度、弧度、深度）的要领。

1）原料选择

心里美萝卜（或南瓜、白萝卜等）。

2）刀具选用

切片刀、手刀。

3）雕刻刀法

旋刀法、刻刀法、插刀法。

4）雕刻过程

①将心里美萝卜切去两端，取一半。在上表面用刀去掉薄薄的废料，刻出第一片花瓣的位置，执刀从花瓣顶端中上部左侧进刀，削出三道圆弧，使花瓣边缘呈缺齿状，雕出第一片花瓣。从花瓣右侧1/3处下刀去掉废料，做出第二片花瓣的初坯，削出花瓣（图3.75和图3.76）。

图3.75　　　　　　　　　　　　　图3.76

②从花瓣右侧1/3处下刀去掉废料，做出第二片花瓣的初坯，削出花瓣（花瓣大小占原料的1/2）（图3.77和图3.78）。

图3.77　　　　　　　　　　　　　图3.78

③按照这样的方法雕刻出第三层花瓣。在两瓣间棱角处底部进刀，向上收刀，将棱角打掉，使其成一平面（每片花瓣从上片1/3到下片1/3）（图3.79和图3.80）。

图3.79　　　　　　　　　　　　　图3.80

④如步骤②③雕出第二层花瓣。去除废料时，刀尖紧贴外层花瓣根部，废料上宽下尖，呈V形，否则废料不易去除干净（图3.81和图3.82）。

图3.81　　　　　　　　　　　　　图3.82

⑤刻到第三层花瓣，下刀与原料呈90°角时开始做花心。底下每片花瓣的下刀角度要使原料呈锥形（图3.83和图3.84）。

图3.83   图3.84

⑥在花心部位去掉少许废料形成包裹好的花苞（图3.85和图3.86）。

图3.85   图3.86

⑦成品（图3.87）。

图3.87

[任务评价]

评 分 标 准

指　标	总　分	分　值	评分标准
三瓣牡丹花	70	30	三瓣牡丹花一般为4～5层，形态逼真，花瓣有弧度，厚薄均匀，角度自然。
		30	花形美观，去料干净。
		20	花形一般，没有达到规定的层次，花心收拢不自然，色彩运用不够合理。
卫生	30	20	成品整洁，装盘卫生，操作行为规范，操作过程清洁卫生。

小 贴 士

1. 第一层花瓣去掉薄薄的一层废料即可，这样花瓣就完全盛开。

2. 去除废料时，刀尖紧贴外层花瓣根部，废料上宽下尖，呈V形，否则废料不易去除干净。

3. 每个花瓣多走几个弧度，花瓣的花边就体现出来了。

4. 花瓣的角度不断变化，由外展不断内扣直至收花心，最终呈圆锥形。

能力拓展

牡丹花

图3.88

 任务7　五瓣牡丹花

[任务]

运用旋、刻的技法雕出五瓣牡丹花。

[目标]

了解牡丹花的相关知识，掌握五瓣牡丹花在比例和花瓣大形上的各种制作方法。

1）原料选择

心里美萝卜（或南瓜、白萝卜等）。

2）刀具选用

切片刀、平口刀。

3）雕刻刀法

旋刀法、刻刀法。

4）雕刻过程

①将心里美萝卜对半切开，在圆面上均匀地去掉五块废料，分成五等份，做好花瓣的大形（图3.89和图3.90）。

图3.89   图3.90

②刻外层花瓣，用抖刀的方法将花瓣的花边做出，用手刀刻出薄薄的花瓣（图3.91和图3.92）。

图3.91   图3.92

③在第一层花瓣每片中间去掉废料取出第二层花瓣，修去棱角做出花瓣的大形（图3.93和图3.94）。

图3.93   图3.94

④继续用同样的方法刻出花瓣（也可用U形戳刀戳出花边），然后去掉废料做出第三层花瓣（图3.95～图3.98）。

图3.95   图3.96   图3.97   图3.98

⑤刻花苞时，当刻到第四层花苞的时候，用刻三瓣月季花花瓣的方法先取出第一片花瓣，然后在它1/3处下刀取出第二片花瓣，依次做出花瓣（图3.99～图3.102）。

图3.99 　　　　　　图3.100 　　　　　　图3.101 　　　　　　图3.102

⑥刻至锥形时，用手刀去掉少许废料做出花苞（图3.103和图3.104）。

图3.103 　　　　　　　　　图3.104

[任务评价]

评 分 标 准

指 标	总 分	分 值	评分标准
牡丹花	80	30	花瓣厚薄适当，层次分明，花形多样、形象逼真、色彩自然。
		30	花形美观，色彩自然，花瓣厚薄比较适当，层次、角度控制较好。
		20	花形一般，有少量断裂花瓣，层次感差，花心收拢不自然，色彩运用不够合理。
卫生	20	20	成品整洁，装盘卫生，操作行为规范，操作过程清洁卫生。

小 贴 士

1.五等份要分均匀。

2.去除废料时，刀尖紧贴外层花瓣根部，废料上宽下尖，呈V形，否则废料不易去除干净。

3.花瓣上薄下稍厚，使花瓣柔美而具有韧性。

4.花瓣的角度不断变化，由外展不断内扣直至收花心，最终呈圆锥形。

能力拓展

牡丹花

图3.105

 任务8 树 叶

[任务]

运用戳、刻、拉线的技法雕出树叶。

[目标]

了解树叶的各种形状以及制作方法。

1）原料选择

青萝卜（或南瓜等）。

2）刀具选用

掏刀、手刀、U形戳刀、拉线刀。

3）雕刻刀法

戳刀法、刻刀法、拉刀法。

4）雕刻过程

①取段青萝卜去外皮，用大号U形戳刀戳出树叶的大形（图3.106和图3.107）。

图3.106   图3.107

②用掏刀做出叶脉（图3.108和图3.109）。

图3.108   图3.109

③用手刀修整棱角（图3.110）。

图3.110

④用拉线刀做出叶纹（图3.111和图3.112）。

图3.111   图3.112

⑤用手刀将树叶取出（图3.113和图3.114）。

图3.113   图3.114

⑥最后用手刀修整（图3.115和图3.116）。

图3.115　　　　　　　　　　　图3.116

[任务评价]

评分标准

指　标	总　分	分　值	评分标准
树叶	80	30	叶片形态自然美观，叶脉流畅，光滑有弧度。
		30	大形厚薄比较适当，层次、角度控制较好。
		20	形状一般，刀纹处理不流畅，表面不光滑。
卫生	20	20	成品整洁，装盘卫生，操作行为规范，操作过程清洁卫生。

小贴士

1. 初坯料不能小于80°角。

2. U形戳刀戳制时不能太平整，要有向下的弧度。

3. 叶脉拉制时不需要对称。

能力拓展

花屏

图3.117

任务9 零雕组装牡丹花

[任务]

了解牡丹花的相关知识，制作出有主题的牡丹花作品。

[目标]

了解花好月圆的相关知识，熟悉掏刀法的实用技巧。通过讲解与演示，了解零雕组装的制作方法。通过造型的变化，提高学生技术创新的意识。

1）原料选择

白萝卜、南瓜（或心里美萝卜、青萝卜等）。

2）刀具选用

切片刀、手刀、U形戳刀、V形戳刀、掏刀、拉刀。

3）雕刻刀法

掏刀法、刻刀法、拉刀法。

4）雕刻过程

①修坯料。取白萝卜，切成厚片，用胶水粘在一起，修成圆形（图3.118和图3.119）。用一块白萝卜雕出假山，组装在一起（图3.120）。

图3.118　　　　　　　　　图3.119　　　　　　　　　图3.120

②刻出花枝。取原料画出树枝的大形，用手刀取出（图3.121和图3.122），用掏刀修饰（图3.123）。

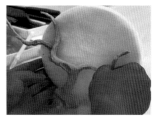

图3.121　　　　　　　　　图3.122　　　　　　　　　图3.123

③用U形戳刀戳出花瓣的弧度，并取出（图3.124）。用手刀修成花边（图3.125），然后用掏刀修饰花瓣（图3.126），用同样的方法做出大小不一的花边。

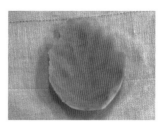

图3.124　　　　　　　　　　图3.125　　　　　　　　　　图3.126

④取一块原料，切成薄片，切丝卷成圆柱状，用胶水粘在底托上（图3.127和图3.128）。将白萝卜切末，用胶水粘在花心上（图3.129和图3.130）。

图3.127　　　　　　图3.128　　　　　　图3.129　　　　　　图3.130

⑤将做好的花瓣和花心用胶水粘在一起（图3.131和图3.132）。

图3.131　　　　　　　　　　图3.132

⑥取一块原料，用U形戳刀刻出树叶的大形，用掏刀和拉线刀取出叶脉，用手刀修光滑（图3.133～图3.135）。

图3.133　　　　　　　　图3.134　　　　　　　　图3.135

⑦将做好的牡丹花和花叶装在花枝上（图3.136～图3.138）。

图3.136　　　　　　　　图3.137　　　　　　　　图3.138

[任务评价]

评分标准

指 标	总 分	分 值	评分标准
雕刻质量	60	20	主题设计鲜明，贴合筵席主题。制作上，刀法娴熟，作品比例协调生动。
		20	主题适合，刀法熟练，作品比例合适，造型美观。
		20	造型一般，基本能体现出筵席的主题。
设计创新	40	20	设计有创意，较合理美观，色彩搭配和谐，能够体现喜庆和美的主题。
		10	设计较合理美观，创意欠缺，基本能体现作品的主题。
		10	成品整洁，装盘卫生，操作行为规范，操作过程清洁卫生。

小贴士

1. 花心的制作方法。
2. 运刀自然流畅，不宜多停顿，以确保花瓣平整、光滑。
3. 花瓣组装先从花心开始，再依次向外。
4. 组装时注意整体的美感。

能力拓展

组雕牡丹花

图3.139

 任务10　荷　花

[任务]

运用刻的技法雕出荷花。

[目标]

了解荷花的相关知识，掌握用洋葱制作荷花的方法。

1）原料选择

洋葱。

2）刀具选用

手刀、小号U形戳刀。

3）雕刻刀法

刻刀法、戳刀法。

4）雕刻过程

①将洋葱剥去外皮，用手刀刻出花瓣（图3.140和图3.141）。

图3.140   图3.141

②用同样的方法刻出另外几片花瓣，去掉废料（图3.142和图3.143）。

图3.142   图3.143

③用同样的方法在第二、第三层做出花瓣（图3.144）。

图3.144

④做好第三层花瓣，去掉废料（图3.145和图3.146）。

图3.145　　　　　　　　　　　图3.146

⑤将剩余的花心部削平做莲蓬（图3.147）。

图3.147

⑥用小号U形戳刀戳出莲子，将青色的料填进去（图3.148和图3.149）。

图3.148　　　　　　　　　　　图3.149

⑦成品图（图3.150）。

图3.150

[任务评价]

评 分 标 准

指　标	总　分	分　值	评分标准
月季花	80	30	花瓣厚薄适当，层次分明，花形多样，形象逼真，色彩自然。
		30	花形美观，色彩自然，花瓣厚薄比较适当，层次、角度控制较好。

续表

指　标	总　分	分　值	评分标准
月季花	80	20	花形一般，有少量断裂花瓣，层次感差，花心收拢不自然，色彩运用不够合理。
卫生	20	20	成品整洁，装盘卫生，操作行为规范，操作过程清洁卫生。

小贴士

1. 花瓣要分均匀，下刀不能深（伤及下层花瓣）。
2. 在去除洋葱根部的时候，不能伤及外层。

能力拓展

玉兰花

图3.151

任务11　零雕组装荷花

[任务]

利用零雕组装的方法制作荷花。

[目标]

掌握荷花花瓣大形的制作标准，通过花瓣的制作，掌握旋削刀法。

1）原料选择

白萝卜、青萝卜（或心里美萝卜、青萝卜等）。

2）刀具选用

切片刀、手刀、U形戳刀、V形戳刀。

3）雕刻刀法

戳刀法、刻刀法、旋刀法。

4）雕刻过程

①选一个直径约6厘米的白萝卜，用菜刀切出高约3厘米的小段，再用直刀旋刻将其修成圆形花坯，修花坯时要注意花瓣的尖部（图3.152和图3.153）。

图3.152 图3.153

②用直刀在花坯上刻出均匀的略带弧度的花瓣大形，然后用直刀将花瓣旋刻薄薄的一层（注意花叶的根部略厚一些，这样不容易断裂）做出大、中、小3种花瓣（图3.154～图3.156）。

图3.154 图3.155 图3.156

③取一段青萝卜，切出莲蓬的大形，用V形戳刀戳出底托，再用手刀去掉废料修成酒杯形（图3.157和图3.158）。

图3.157 图3.158

④用V形戳刀戳出花蕊，再用手刀去掉废料（图3.159和图3.160）。

图3.159 图3.160

⑤用小号U形戳刀戳出莲子的位置，再用小号U形戳刀戳几颗青色的莲子装上（图3.161和图3.162）。

图3.161

图3.162

⑥将雕好的花瓣从第一层开始用胶水粘上，至花心依次粘好（图3.163～图3.166）。

图3.163

图3.164

图3.165

图3.166

[任务评价]

评分标准

指　标	总　分	分　值	评分标准
荷花	80	30	花瓣厚薄适当，层次分明，花形多样，形象逼真，色彩自然。
		30	花形美观，色彩自然，花瓣厚薄比较适当，层次、角度控制较好。
		20	花形一般，有少量断裂花瓣，层次感差，花心收拢不自然，色彩运用不够合理。
卫生	20	20	盛品整洁，装盘卫生，操作行为规范，操作过程清洁卫生。

小贴士

1.花瓣的大形为椭圆形，稍取个小、尖的。

2.雕花瓣时先刻出弧度。

3.莲蓬的大形呈酒杯形。

4.组装时注意整体的美感。

能力拓展

荷花

图3.167

 任务12　菊　花

[任务]

运用戳刀法制作菊花。

[目标]

了解菊花的相关知识，掌握戳刀法的操作方法。

1）原料选择

心里美萝卜（或白萝卜、南瓜、胡萝卜等）。

2）刀具选用

手刀、小号U形戳刀。

3）雕刻刀法

削刀法、戳刀法。

4）雕刻过程

①用手刀将心里美萝卜的外皮去掉，用小号U形戳刀戳出花瓣（图3.168和图3.169）。

图3.168

图3.169

②用同样的办法戳出整层花瓣（图3.170和图3.171）。

图3.170

图3.171

③用手刀将废料去掉，继续戳制第二层花瓣（图3.172和图3.173）。

图3.172

图3.173

④用同样的方法制作出里面的花瓣（图3.174和图3.175）。

图3.174

图3.175

⑤将花瓣从花心往外依次粘贴出另外几层花瓣（图3.176和图3.177）。

图3.176

图3.177

⑥继续用刀戳出花心部分（图3.178和图3.179）。

图3.178　　　　　　　　　图3.179

[任务评价]

评 分 标 准

指　标	总　分	分　值	评分标准
菊花	80	30	花瓣粗细均匀，层次分明，花形多样，形象逼真，色彩自然。
		30	花形美观，色彩自然，花瓣粗细比较适当，层次、角度控制较好。
		20	花形一般，层次感差。
卫生	20	20	成品整洁，装盘卫生，操作行为规范，操作过程清洁卫生。

小 贴 士

1.戳制花瓣时可以制作成S形或螺旋形的花瓣，这样就可制成波斯菊。

2.去废料时要注意刀尖的位置，不要将花瓣割断。

能 力 拓 展

秋菊

图3.180

任务13　白菜菊

[任务]

运用戳刀法制作白菜菊。

[目标]

了解菊花的相关知识，掌握戳刀法的操作方法。

1）原料选择

白菜。

2）刀具选用

手刀、小号U形戳刀。

3）雕刻刀法

戳刀法。

4）雕刻过程

①选白菜心一棵，从2/5处切掉菜头，然后用小号U形刀刻出花瓣（图3.181和图3.182）。

图3.181

图3.182

②用同样的办法刻出第一个菜帮的花瓣，去掉剩余废料（图3.183和图3.184）。

图3.183

图3.184

③以此类推，刻出第二层和第三层花瓣（图3.185和图3.186）。

图3.185

图3.186

④刻到第四层时，菜帮的厚度变小，这时花瓣也要变细（图3.187和图3.188）。

图3.187

图3.188

⑤将刻好的白菜菊放入清水中浸泡卷曲即可（图3.189和图3.190）。

图3.189

图3.190

[任务评价]

评分标准

指 标	总 分	分 值	评分标准
白菜菊	80	30	花瓣粗细均匀，层次分明，花形多样，形象逼真，色彩自然。
		30	花形美观，色彩自然，花瓣粗细比较适当，层次、角度控制较好。
		20	花形一般，层次感差。
卫生	20	20	成品整洁，装盘卫生，操作行为规范，操作过程清洁卫生。

小贴士

1. 花瓣戳到根部时，刀要往里深一点。

2. 一定要用清水浸泡卷曲，才能形象逼真。

能力拓展

秋菊

图3.191

任务14 零雕组装菊花

[任务]

运用拉刀法和截刀法制作仿真菊花。

[目标]

了解菊花的相关知识，掌握掏刀与拉刀的操作方法。

1）原料选择

南瓜（或白萝卜、心里美萝卜、胡萝卜等）。

2）刀具选用

手刀、掏刀。

3）雕刻刀法

拉刀法、刻刀法。

4）雕刻过程

①用掏刀在南瓜的表面拉出菊花花瓣（下刀先浅，再保持平行），取30根左右（图3.192和图3.193）。

图3.192

图3.193

②用同样的办法刻出4个层次的花瓣（图3.194和图3.195）。

图3.194　　　　　　　　　　　图3.195

③取一小段原料刻出花心底托（图3.196和图3.197）。

图3.196　　　　　　　　　　　图3.197

④将花瓣从花心的第一层花瓣依次粘贴，做出花心（图3.198～图3.201）。

图3.198　　　　　图3.199　　　　　图3.200　　　　　图3.201

⑤将花瓣从花心往外依次粘贴出另外几层花瓣（图3.202和图3.203）。

图3.202　　　　　　　　　　　图3.203

⑥将长的花瓣粘贴在最外层（图3.204和图3.205）。

图3.204　　　　　　　　　　　图3.205

[任务评价]

评 分 标 准

指　标	总　分	分　值	评分标准
菊花	80	30	花瓣粗细均匀，层次分明，花形多样，形象逼真，色彩自然。
		30	花形美观，色彩自然，花瓣粗细比较适当，层次、角度控制较好。
		20	花形一般，层次感差。
卫生	20	20	成品整洁，装盘卫生，操作行为规范，操作过程清洁卫生。

小 贴 士

1. 拉花瓣时，应先薄薄地下刀，然后保持掏刀和原料平行拉下去（花瓣厚度应占掏刀的1/2）（图3.193）。

2. 花瓣粘贴时，将根部稍稍切个角度（图3.199）。

能 力 拓 展

秋菊

图3.206

 **任务15　马蹄莲**

[任务]

运用削刀法制作马蹄莲。

[目标]

了解并掌握削刀法的使用方法。

1）原料选择

白萝卜。

2）刀具选用

切片刀、手刀、掏刀。

3）雕刻刀法

削刀法。

4）雕刻过程

①斜切一段白萝卜尾部，用手刀将其刻成圆锥形（图3.207和图3.208）。

图3.207　　　　　　　　　　图3.208

②用手刀削出花瓣弧度，将废料去掉（图3.209和图3.210）。

图3.209　　　　　　　　　　图3.210

③用手刀沿花瓣的大形刻下，取出花瓣；削去废料做马蹄莲的大形（图3.211和图3.212）。

图3.211　　　　　　　　　　图3.212

④取一小片胡萝卜做花心，然后装上花心（图3.213和图3.214）。

图3.213   图3.214

[任务评价]

评 分 标 准

指　标	总　分	分　值	评分标准
马蹄莲	80	30	花瓣厚薄适当，花形匀称，形象逼真，色彩自然。
		30	花形美观，色彩自然，花瓣厚薄比较适当，层次、角度控制较好。
		20	花形一般，厚薄不均匀，色彩运用不够合理。
卫生	20	20	成品整洁，装盘卫生，操作行为规范，操作过程清洁卫生。

小 贴 士

1.马蹄莲的花瓣一定要薄，花边可以用少许盐搓一下做出反翘的弧度。

2.也可以直接批薄片，刻出花瓣大形直接卷制。

能 力 拓 展

芝麻花

图3.215

任务16　牵牛花

[任务]

运用各种配件、花枝等辅助装饰料，完成牵牛花的制作。

[目标]

了解并掌握戳刀法、削刀法的使用方法。

1）原料选择

心里美萝卜、白萝卜、胡萝卜、青萝卜。

2）刀具选用

切片刀、手刀、掏刀、U形戳刀。

3）雕刻刀法

掏刀法、戳刀法。

4）雕刻过程

①取心里美萝卜切段，用手刀将其削成圆锥形（图3.216）。

图3.216

②用手刀在锥形平面削出波浪形的花瓣弧度，用U形戳刀戳去废料（图3.217～图3.220）。

图3.217　　　　　　　图3.218　　　　　　　图3.219　　　　　　　图3.220

③用手刀修去棱角沿花瓣的大形刻下，从根部削去废料做出牵牛花的大形（图3.221～图3.223）。

图3.221　　　　　　　图3.222　　　　　　　图3.223

④取一小片胡萝卜刻出花心，用青萝卜刻出花瓣的小托（小四角花），然后装上花心和花托（图3.224～图3.226）。

图3.224

图3.225

图3.226

⑤将白萝卜切段，用胶水将萝卜段粘在一起；用掏刀掏出假山的大形；用砂纸打磨，去掉棱角；取一根胡萝卜，修成细条状（图3.227和图3.228）。

图3.227

图3.228

⑥用V形戳刀戳出竹节，用手刀削去废料做出竹枝，用V形戳刀戳出线条。将做好的竹枝组装在假山上（图3.229～图3.232）。

图3.229

图3.230

图3.231

图3.232

⑦取一片青萝卜刻出花藤，粘贴到竹架上（图3.233和图3.234）。

图3.233

图3.234

⑧将铁丝架绕在竹架上，将牵牛花装上（图3.235～图3.237）。

图3.235

图3.236

图3.237

⑨青萝卜取皮，用手刀削出叶子的形状，用拉线刀拉出叶脉，组装在花枝上（图3.238～图3.240）。

图3.238

图3.239

图3.240

⑩取蒜苗戳成细丝，放水中泡卷曲，装在藤蔓上（图3.241和图3.242）。

图3.241

图3.242

⑪成品图（图3.243）。

图3.243

[任务评价]

评分标准

指标	总分	分值	评分标准
牵牛花	80	30	花瓣厚薄适当，花形匀称，形象逼真，色彩自然。
		30	花形美观，色彩自然，花瓣厚薄比较适当，层次、角度控制较好。
		20	花形一般，层次感差，花心收拢不自然，色彩运用不够合理。
卫生	20	20	成品整洁，装盘卫生，操作行为规范，操作过程清洁卫生。

小贴士

1. 戳：一般用V形戳刀或U形戳刀操作，用于雕刻某些呈V形、U形及细条的花瓣、羽毛等。此操作方法比较简单，且用途很广。戳分为直戳、曲线戳、撬刀戳、细条戳、翻刀戳。

2. 撬刀戳：用V形戳刀或U形戳刀操作，主要刻制凹状船形花瓣，如睡莲、梅花等。其操作方法是将刀尖对准要刻部位戳入，刀进到一定深度时，刀尖逐渐撬起，这样刻出的花瓣呈两头翘起的船形。

3. 细条戳：一般用于刻细长条状的鸟类的羽毛。其操作方法基本上与直戳刀法相似，但刻时刀在上一个羽毛下部偏斜的一半刻进，羽毛就由阔片变成只有半片大小的细条了。

4. 翻刀戳：用于戳翻起的细长花瓣和鸟类羽毛。其特点是花瓣和羽毛向外翻起。其操作方法基本上与直戳刀法相似，但是在戳花瓣和羽毛时，刀应缓缓向上抬起，使瓣尖细薄，瓣身逐渐加厚，待刀深入原料内部将刀轻轻上抬，再将刀拔出。将刻好的花或鸟放入水中浸泡，花瓣或羽毛就会自然呈现翻起的形状。

能力拓展

牵牛花

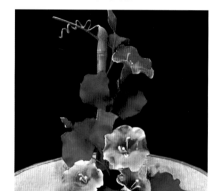

图3.244

任务17　杜鹃花

[任务]

运用组合雕刻的方法制作杜鹃花。

[目标]

了解花瓶、树叶、杜鹃花的制作方法并掌握。

1）原料选择

青萝卜、白萝卜、心里美萝卜。

2）刀具选用

切片刀、平口刀。

3）雕刻刀法

刻刀法、戳刀法。

4）雕刻过程

①将心里美萝卜切成正方形的长段，用手刀去掉四角，取出花瓣的大形（图3.245）。

图3.245

②用手刀按照大形刻出薄薄的花瓣，在第一片花瓣下1/3处下刀去掉废料，刻出第二片花瓣的大形（图3.246和图3.247）。

图3.246　　　　　　　　　　图3.247

③用同样的方法做出下面几片花瓣，用V形戳刀戳出花蕊（图3.248和图3.249）。

图3.248　　　　　　　　　　图3.249

④用同样的方法做出另外几朵杜鹃花（图3.250）。

图3.250

⑤取青萝卜，先用U形戳刀戳出树叶的大形，再用拉线刀做出叶脉并用手刀取出（图3.251～图3.254）。

图3.251

图3.252

图3.253

图3.254

⑥先取白萝卜修成圆锥形，去掉尖部，然后用V形戳刀戳出瓶颈，再用手刀去掉废料做出花瓶（图3.255～图3.258）。

图3.255

图3.256

图3.257

图3.258

⑦将雕好的花瓶、花、叶片组装在一起（图3.259～图3.261）。

图3.259

图3.260

图3.261

⑧成品图（图3.262）。

图3.262

[任务评价]

评 分 标 准

指　　标	总　　分	分　值	评分标准
杜鹃花	80	30	花瓣厚薄适当，花形匀称，形象逼真，色彩自然，整体组装造型协调。
		30	花形美观，去料干净。
		20	花形一般，没有达到规定的层次，花心收拢不自然，色彩运用不够合理。
卫生	20	20	成品整洁，装盘卫生，操作行为规范，操作过程清洁卫生。

小 贴 士

1.花枝可用铁丝塑形，用纸胶带缠绕一圈即可。

2.想树叶颜色碧绿，可用开水烫一下，再放冷水浸凉。

能 力 拓 展

玉兰花

图3.263

任务18　豆腐牡丹

[任务]

掌握刻刀法制作豆腐牡丹。

[目标]

了解并掌握刻刀法、削刀法、抖刀法。

1）原料选择

嫩豆腐。

2）刀具选用

切片刀、手刀、拉刀、掏刀。

3）雕刻刀法

刻刀法、拉刀法。

4）雕刻过程

①取整块豆腐去掉老皮，先用掏刀取一横截面，再用手刀取一圆柱体做牡丹花花苞（图3.264和图3.265）。

图3.264 　　　　　　　　　　　　　图3.265

②用手刀削去一点废料，按月季花花心的制作方法雕出牡丹花花心（图3.266和图3.267）。

图3.266 　　　　　　　　　　　　　图3.267

③将手刀伸到花心与外侧交界处，刀柄往外倾斜，削去一块废料，再用手刀沿着此处用抖刀的方法刻出波浪形花纹的花瓣（图3.268和图3.269）。

图3.268 　　　　　　　　　　　　　图3.269

④用同样的办法依次做出下面几层花瓣（图3.270～图3.273）。

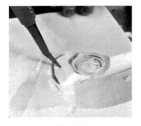

图3.270　　　　　　　　图3.271　　　　　　　　图3.272　　　　　　　　图3.273

⑤用手刀取掉花瓣底下的一片废料，刻出花叶的大形，用拉刀拉出叶脉（图3.274～图3.276）。

图3.274　　　　　　　　　图3.275　　　　　　　　　图3.276

⑥用同样的方法做出另外一朵小牡丹花，雕出花叶（图3.277～图3.279）。

图3.277　　　　　　　　　图3.278　　　　　　　　　图3.279

⑦用手刀削去多余的废料，用掏刀做出花枝（图3.280和图3.281）。

图3.280　　　　　　　　　　　　图3.281

⑧用手刀和掏刀修饰一下即可（图3.282和图3.283）。

图3.282　　　　　　　　　　　图3.283

[任务评价]

评 分 标 准

指　标	总　分	分　值	评分标准
豆腐雕	80	30	花心4～5层，形态逼真，花瓣完整，厚薄均匀。
		30	花形美观，去料干净。
		20	花形一般，没有达到规定的层次，花心收拢不自然，色彩运用不够合理。
卫生	20	20	成品整洁，装盘卫生，操作行为规范，操作过程清洁卫生。

小 贴 士

豆腐雕，是以豆腐为原料雕刻出各种动物、人物、植物等形状的一种食品雕刻新形式。不过，因其制作的难度很大，如果没有掌握好方法，或稍有不慎，豆腐就会碎烂。

1.把豆腐放在水中，利用水的浮力来支撑整个作品。

2.下刀的角度、深度一定要准确，一气呵成。

3.剔除废料时一定要慢慢地抖开后再轻轻地剔去。

能 力 拓 展

牡丹花

图3.284

项目4

鸟 类

【内容提要】

本项目的主要内容是学习鸟类的雕刻，通过从雕刻翅膀到整个小鸟的制作，让大家了解鸟类的身体结构及尺寸比例。作品循序渐进，让大家能够掌握鸟类的雕刻方法。

任务1　小鸟头部

[任务]

通过学习，了解小鸟头部的简单构造。

[目标]

了解小鸟头部大形、眼眉、嘴角、脸部的制作方法。

1）原料选择
胡萝卜。

2）刀具选用
手刀、拉刀、掏刀、U形戳刀、V形戳刀。

3）雕刻刀法
刻刀法、戳刀法、拉刀法。

4）雕刻过程
①用手刀取出头部的大形（三角形）的初坯，刻出头部的大形（图4.1和图4.2）。

图4.1　　　　　　　　　　　　　　　　图4.2

②用手刀修去棱角，先刻出小鸟嘴部，然后刻出额头（图4.3和图4.4）。

图4.3　　　　　　　　　　　　　　　　图4.4

③用小号掏刀雕出眼眉，再用手刀去掉棱角雕出眼睛，然后用手刀雕出嘴巴及腹部，去掉棱角修整其形（图4.5～图4.8）。

图4.5

图4.6

图4.7

图4.8

④用手刀刻出嘴角线，用小号U形戳刀戳出嘴角（图4.9和图4.10）。

图4.9

图4.10

⑤刻出鼻翼并去掉嘴部棱角，用掏刀做出脸颊（图4.11和图4.12）。

图4.11

图4.12

⑥用手刀去除废料，并用砂纸打磨光滑，再用拉线刀做出绒毛即可（图4.13和图4.14）。

图4.13

图4.14

[任务评价]

评 分 标 准

指 标	总 分	分 值	评分标准
鸟头部	80	30	大形比例合适，形象逼真，层次明显。
		30	比例恰当，去料干净。

续表

指 标	总 分	分 值	评分标准
鸟头部	80	20	造型一般，没有达到规定的层次，比例不标准。
卫生	20	20	成品整洁，装盘卫生，操作行为规范，操作过程清洁卫生。

小 贴 士

1. 细节的处理用3000号的砂纸打磨。
2. 多运用三刀定大形的方法。

能 力 拓 展

图4.15

 任务2 小鸟翅膀

[任务]

完成小鸟类翅膀的制作。

[目标]

准确把握小鸟翅膀的大形比例，熟练掌握刻刀法和戳刀法。

1) 原料选择

南瓜。

2) 刀具选用

手刀、木刻刀。

3) 雕刻刀法

刻刀法、戳刀法。

4) 雕刻过程

①取一段南瓜刻出翅膀的大形，用手刀将棱角去掉（图4.16和图4.17）。

图4.16　　　　　　　　　　　图4.17

②用手刀刻出翅膀的肩羽，去掉废料，用戳刀戳出第一层翅膀的羽毛（图4.18～图4.21）。

图4.18　　　　　　图4.19　　　　　　图4.20　　　　　　图4.21

③用同样的办法刻出第二层翅膀的羽毛（图4.22和图4.23）。

图4.22　　　　　　　　　　　图4.23

④用同样的办法刻出第三层翅膀的羽毛，长度与弧度较大（图4.24和图4.25）。

图4.24　　　　　　　　　　　图4.25

⑤用拉线刀拉刻出细线条，用手刀去掉废料并将翅膀取出，将反面的棱角去掉即可（图4.26～图4.28）。

图4.26

图4.27

图4.28

[任务评价]

评 分 标 准

指 标	总 分	分 值	评分标准
翅膀	80	30	大形比例合适，羽毛厚薄均匀，层次明显。
		30	比例恰当，去料干净。
		20	造型一般，没有达到规定的层次，比例不标准。
卫生	20	20	成品整洁，装盘卫生，操作行为规范，操作过程清洁卫生。

小 贴 士

1. 翅膀关节两端比例控制在1:1.5左右。

2. 剔除废料时，去除薄薄的一层即可。

能 力 拓 展

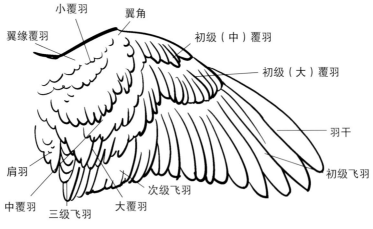

图4.29

任务3 小 鸟

[任务]

通过零雕组装的方法完成小鸟的制作。

[目标]

了解小鸟头、颈、翅膀、身体的自然形态和比例特征，灵活运用各种刀法雕刻出形态逼真的小鸟。

1）原料选择

胡萝卜。

2）刀具选用

手刀、拉刀、掏刀、U形戳刀、V形戳刀。

3）雕刻刀法

刻刀法、戳刀法、拉刀法。

4）雕刻过程

①用手刀取出头部大形（三角形）的初坯（图4.30和图4.31）。

图4.30   图4.31

②用手刀刻出身体的大形，从小鸟嘴部开始，然后刻出额头（图4.32和图4.33）。

图4.32   图4.33

③用小号掏刀做出眼眉，再用手刀去掉棱角，刻出眼睛，然后用手刀刻出嘴巴及腹部并去掉棱角修整其形（图4.34～图4.37）。

图4.34　　　　　　　图4.35　　　　　　　图4.36　　　　　　　图4.37

④刻出鼻翼并去掉嘴部棱角，用掏刀做出脸颊，用手刀去除废料并用砂纸打磨光滑，用拉线刀做出绒毛（图4.38和图4.39）。

图4.38　　　　　　　　　　　图4.39

⑤用手刀刻出翅膀（图4.40和图4.41）。

图4.40　　　　　　　　　　　图4.41

⑥用U形戳刀戳出第一层尾羽，尾巴戳好后，用手刀去掉废料，雕出鸟腿部（图4.42～图4.44）。

图4.42　　　　　　　　图4.43　　　　　　　　图4.44

⑦取小段料，雕出鸟爪，装上即可（图4.45～图4.48）。

图4.45　　　　　　图4.46　　　　　　图4.47　　　　　　图4.48

[任务评价]

评分标准

指　标	总　分	分　值	评分标准
小鸟	80	30	大形比例合适，小鸟形象逼真，形态自然，羽毛厚薄均匀，层次明显。
		30	小鸟大形比例合适。
		20	小鸟身体大形臃肿，整体搭配不够合理。
卫生	20	20	成品整洁，装盘卫生，操作行为规范，操作过程清洁卫生。

小贴士

1. 翅膀关节两端比例控制在1∶1.5左右。

2. 嘴部控制在45°~60°。

3. 在刻翅膀和尾巴时，戳刀运刀的角度应面向同一点。

能力拓展

琴音合鸣

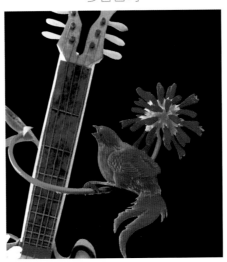

图4.49

任务4　鹦　鹉

[任务]

完成鹦鹉的制作。

[目标]

了解鹦鹉头、爪、身体的自然形态，掌握刻刀法制作身体羽毛的方法。

1）原料选择

胡萝卜。

2）刀具选用

分料刀、直刀、U形戳刀、V形戳刀、拉刀、掏刀。

3）雕刻刀法

刻刀法、戳刀法、拉刀法、掏刀法。

4）雕刻过程

①用胡萝卜刻出鹦鹉头部的大形，用画笔画出鹦鹉的嘴和脸部的大形，用手刀刻出鹦鹉的头部（图4.50～图4.53）。

图4.50

图4.51

图4.52

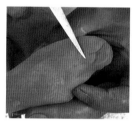
图4.53

②用手刀刻出鹦鹉的嘴，装上仿真眼（图4.54和图4.55）。

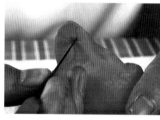
图4.54

图4.55

③用V形戳刀戳出鹦鹉身体的羽毛（鱼鳞形）（图4.56和图4.57）。

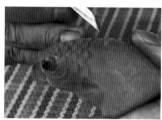
图4.56

图4.57

④取一根胡萝卜，用U形戳刀定好鹦鹉尾巴的大形，用手刀和拉线刀刻出鹦鹉的尾巴，并用手刀取出（图4.58～图4.60）。

图4.58

图4.59

图4.60

⑤另取原料刻出翅膀的大形（图4.61和图4.62）。

图4.61

图4.62

⑥用V形戳刀戳出翅膀的初羽，用U形戳刀戳出翅膀第二层羽毛（图4.63～图4.66）。

图4.63

图4.64

图4.65

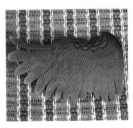
图4.66

⑦取小段原料切成鸟爪的大形，用手刀刻出鹦鹉的爪子（图4.67～图4.70）。

图4.67

图4.68

图4.69

图4.70

⑧将翅膀、尾巴、爪子组装在身体上（图4.71和图4.72）。

图4.71

图4.72

[任务评价]

评分标准

指　标	总　分	分　值	评分标准
鹦鹉	80	30	大形比例合适，鹦鹉形象逼真，形态自然，羽毛厚薄均匀，层次明显。
		30	鹦鹉大形比例合适。
		20	身体大形臃肿，整体搭配不够合理。
卫生	20	20	成品整洁，装盘卫生，操作行为规范，操作过程清洁卫生。

小 贴 士

1.鹦鹉头部的大形，见图4.50和图4.51。

2.鹦鹉脸部的大形，见图4.53～图4.55。

3.身体羽毛的制作方法，见图4.63～图4.66。

能 力 拓 展

鹦鹉

图4.73

任务5　锦　鸡

[任务]

完成锦鸡的制作。

[目标]

了解锦鸡的相关知识，学会掌握多种不同形态锦鸡的制作方法。

1）原料选择

南瓜。

2）刀具选用

分料刀、手刀、U形槽刀、V形槽刀、拉刀、掏刀。

3）雕刻刀法

刻刀法、拉刀法、戳刀法。

4）雕刻过程

①取原料，用胶水粘接上锦鸡的头部（图4.74和图4.75）。

图4.74　　　　　　　　　　　　　　图4.75

②刻出锦鸡的嘴部。从头部开始，一气呵成刻出头、颈、背、尾的大形，然后用手刀修整其形（图4.76～图4.79）。

图4.76　　　　　　图4.77　　　　　　图4.78　　　　　　图4.79

③用小号U形戳刀戳出锦鸡的嘴角，用掏刀做出脸颊（图4.80和图4.81）。

图4.80　　　　　　　　　　　　　　图4.81

④用手刀刻出头部的细羽（图4.82和图4.83）。

图4.82 　　　　　　　　　　　　图4.83

⑤用小号V形戳刀戳出头部的细羽，用胶水粘上（图4.84和图4.85）。

图4.84 　　　　　　　　　　　　图4.85

⑥用拉线刀做出身体的细羽，用手刀刻出爪子（图4.86和图4.87）。

图4.86 　　　　　　　　　　　　图4.87

⑦用拉线刀拉尾部羽毛的线条，用手刀取出（图4.88和图4.89）。

图4.88 　　　　　　　　　　　　图4.89

⑧以同样的方法用拉线刀拉出尾巴的线条，做出另外几根线条，装上尾巴（图4.90和图4.91）。

图4.90 　　　　　　　　　　　　图4.91

⑨取料做出一对翅膀（图4.92~图4.94）。

图4.92

图4.93

图4.94

⑩取料戳出身体上的细羽（图4.95和图4.96）。

图4.95

图4.96

⑪将雕好的翅膀、细羽组合在一起，去掉底座多余的废料（图4.97和图4.98）。

图4.97

图4.98

[任务评价]

评分标准

指　标	总　分	分　值	评分标准
锦鸡	80	30	大形比例合适，形象逼真，形态自然，羽毛厚薄均匀，层次明显。
		30	大形比例合适。
		20	身体大形臃肿，整体搭配不够合理。
卫生	20	20	成品整洁，装盘卫生，操作行为规范，操作过程清洁卫生。

小贴士

1. 身体的一些细羽用粘贴的方式比较好。

2. 锦鸡头部的细羽要做成瓦楞形。

能力拓展

锦鸡

图4.99

任务6 白 鹭

[任务]

完成白鹭的制作。

[目标]

通过准确把握白鹭身体的自然形态、身体结构特点，掌握制作白鹭的方法。

1）原料选择

白萝卜、青萝卜、胡萝卜。

2）刀具选用

分料刀、直刀、U形戳刀、V形戳刀、掏刀、拉线刀。

3）雕刻刀法

刻刀法。

4）雕刻过程

①用分料刀将原料两头切平，大头朝下放稳，上端用刀切出一个三角形的初坯，用胶水粘接好（图4.100和图4.101）。

图4.100

图4.101

②用画笔画出白鹭的大形，用手刀刻出脖子和身体的弧度，去掉棱角并用砂纸打磨（图4.102和图4.103）。

图4.102　　　　　　　　　　图4.103

③取一片胡萝卜切成白鹭嘴部大形，在头部切出相同的角度用胶水粘结好（图4.104和图4.105）。

图4.104　　　　　　　　　　图4.105

④用直刀刻出白鹭的嘴巴，然后从下嘴开始刻出下巴，再用U形戳刀戳出头冠装上（图4.106～图4.108）。

图4.106　　　　　　　图4.107　　　　　　　图4.108

⑤用V形戳刀戳出身体与尾巴的分割线，用U形戳刀戳出第一层尾巴的羽毛（图4.109和图4.110）。

图4.109　　　　　　　　　　图4.110

⑥用U形戳刀戳出第二层尾巴羽毛，用手刀去掉废料（图4.111～图4.113）。

图4.111　　　　　　　　　　　图4.112　　　　　　　　　　　图4.113

⑦将翅膀大形雕好，用U形戳刀戳出第一层翅膀羽毛，用手刀去掉薄薄的一层废料；再戳出第二层翅膀羽毛，去掉废料，雕出两只翅膀（图4.114～图4.116）。

图4.114　　　　　　　　　　　图4.115　　　　　　　　　　　图4.116

⑧取一片胡萝卜，雕出爪子的大形，刻出两个鸟爪（图4.117和图4.118）。

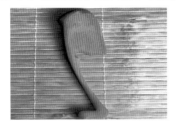

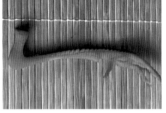

图4.117　　　　　　　　　　　图4.118

⑨将做好的翅膀与鸟爪用胶水组装好（图4.119和图4.120）。

图4.119　　　　　　　　　　　图4.120

[任务评价]

评 分 标 准

指　标	总　分	分　值	评分标准
仙鹤	80	30	大形比例合适，形象逼真，形态自然，羽毛厚薄均匀，层次明显。
		30	大形比例合适。

续表

指 标	总 分	分 值	评分标准
仙鹤	80	20	身体比例不恰当，整体搭配不够合理。
卫生	20	20	成品整洁，装盘卫生，操作行为规范，操作过程清洁卫生。

小 贴 士

白鹭颈部的长度约为躯干长度的1/2。

能 力 拓 展

白鹭

图4.121

任务7 仙 鹤

[任务]

完成仙鹤、浪花的制作和组装。

[目标]

通过准确把握仙鹤身体的自然形态、身体结构特点以及浪花的形态，掌握零雕组装制作仙鹤的方法。

1）原料选择

白萝卜、青萝卜、胡萝卜。

2）刀具选用

分料刀、直刀、U形戳刀、V形戳刀、掏刀、拉线刀。

3）雕刻刀法

刻刀法。

4）雕刻过程

①用分料刀将原料两头切平，大头朝下放稳，上端用刀切出一个三角形的初坯，用胶水粘接好（图4.122和图4.123）。

图4.122　　　　　　　　　　　　　　　图4.123

②用画笔画出仙鹤的大形，用手刀取出（图4.124和图4.125）。

图4.124　　　　　　　　　　　　　　　图4.125

③用手刀取出脖子和身体，去掉棱角并用砂纸打磨（图4.126和图4.127）。

图4.126　　　　　　　　　　　　　　　图4.127

④取一片胡萝卜切成仙鹤嘴部大形，在头部切出与嘴的根部相同的角度，用胶水粘结好（图4.128和图4.129）。

图4.128　　　　　　　　　　　　　　　图4.129

⑤用直刀刻出仙鹤的嘴巴，然后从下嘴开始刻出下巴，再用U形戳刀戳出头冠装上（图

4.130～图4.133）。

图4.130　　　　　　　图4.131　　　　　　　图4.132　　　　　　　图4.133

⑥用V形戳刀戳出身体与尾巴的分割线，用U形戳刀戳出第一层尾巴的羽毛（图4.134和图4.135）。

图4.134　　　　　　　　　　　图4.135

⑦用U形戳刀戳出第二层尾巴羽毛，用手刀去掉废料（图4.136和图4.137）。

图4.136　　　　　　　　　　　图4.137

⑧将翅膀大形雕好，用U形戳刀戳出第一层翅膀羽毛，用手刀去掉薄薄的废料；再戳出第二层翅膀羽毛，去掉废料，雕出两只翅膀（图4.138和图4.139）。

图4.138　　　　　　　　　　　图4.139

⑨取一段萝卜拼出浪花的大形，用画线笔画出浪花并用手刀刻出（图4.140～图4.143）。

图4.140

图4.141

图4.142

图4.143

⑩用胶水和竹签将仙鹤身体组装在浪花上（图4.144）。

图4.144

⑪取一段萝卜做仙鹤的尾巴，先确定好大形，然后用拉刀拉出细线，再用手刀取出粘贴上（图4.145～图4.148）。

图4.145

图4.146

图4.147

图4.148

⑫用手刀雕出多朵浪花，组装在底座上（图4.149～图4.151）。

图4.149

图4.150

图4.151

⑬取一片胡萝卜，雕出爪子的大形，刻出两个鸟爪（图4.152和图4.153）。

图4.152

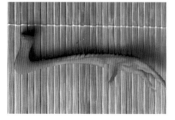
图4.153

⑭将做好的翅膀与鸟爪用胶水组装好（图4.154～图4.156）。

图4.154

图4.155

图4.156

[任务评价]

评 分 标 准

指　标	总　分	分　值	评分标准
仙鹤	80	30	大形比例合适，形象逼真，形态自然，羽毛厚薄均匀，层次明显。
		30	大形比例合适。
		20	身体比例不恰当，整体搭配不够合理。
卫生	20	20	成品整洁，装盘卫生，操作行为规范，操作过程清洁卫生。

小 贴 士

1. 仙鹤身体大形，见图4.125。
2. 浪花的制作方法，见图4.142和图4.143。
3. 仙鹤颈部的长度约为躯干长度的1/2。

能 力 拓 展

仙鹤

图4.157

 任务8   老   鹰

[任务]

完成老鹰嘴、翅膀、鹰爪的制作。

[目标]

了解鹰的相关知识，准确把握鹰的自然形态和结构比例，掌握鹰的雕刻方法，学会多种不同形态老鹰的制作方法。

1）原料选择

南瓜。

2）刀具选用

分料刀、手刀、U形槽刀、V形槽刀、拉刀、掏刀。

3）雕刻刀法

刻刀法、拉刀法、戳刀法。

4）雕刻过程

①取原料，用分料刀将头部的大形切出（三角形），用手刀刻出鹰身体的大形（图4.158和图4.159）。

图4.158 图4.159

②刻出鹰的眼睛（图4.160～图4.162）。

图4.160 图4.161 图4.162

③雕出鹰的嘴部与舌头，去掉腹部的废料（图4.163～图4.165）。

图4.163 图4.164 图4.165

④用U形戳刀戳出嘴角，用掏刀做出脸颊后用砂纸打磨光滑（图4.166和图4.167）。

图4.166 图4.167

⑤用手刀雕出身体上的羽毛（图4.168和图4.169）。

图4.168 图4.169

⑥取段原料用拉线刀拉出尾巴的线条，用手刀将尾巴取出，装上尾巴（图4.170～图

4.173）。

图4.170

图4.171

图4.172

图4.173

⑦用取好的翅膀料，取出大刀的形状并用手刀雕出第一、第二层羽毛；将雕好的小羽毛粘贴在第二层下，做出一对翅膀（图4.174～图4.178）。

图4.174

图4.175

图4.176

图4.177

图4.178

⑧取一块料雕出鹰的爪，组装好（图4.179和图4.180）。

图4.179

图4.180

⑨将雕好的鹰的身体、爪、翅膀组合在一起（图4.181～图4.183）。

图4.181

图4.182

图4.183

[任务评价]

评 分 标 准

指 标	总 分	分 值	评分标准
鹰	80	30	大形比例合适，形象逼真，形态自然，羽毛厚薄均匀，层次明显。
		30	大形比例合适。
		20	身体大形臃肿，整体搭配不够合理。
卫生	20	20	成品整洁，装盘卫生，操作行为规范，操作过程清洁卫生。

小 贴 士

1. 单雕每根飞羽和第二层衔接。

2. 在做之前先粘好翅膀原料的边缘，以达到需要的长度。

3. 把鹰的身体雕小。

能 力 拓 展

雄鹰

图4.184

任务9　凤　凰

[任务]

完成凤凰头部、身体、尾部、翅膀等部件的制作。

[目标]

完成凤凰的制作，通过凤凰和牡丹花及其他配件的合理组装，完整地体现吉祥如意、欣欣向荣的作品主题。

1）原料选择

南瓜。

2）刀具选用

分料刀、手刀、U形戳刀、V形戳刀、掏刀。

3）雕刻刀法

刻刀法、戳刀法、拉刀法、掏刀法。

4）雕刻过程

①修坯料：取块原料，切出头部的大形，将头部和身体的原料用胶水粘在一起，用手刀雕出头部的大形（图4.185和图4.186）。

图4.185　　　　　　　　　　　　　　图4.186

②刻出凤凰头：从嘴部开始，依次刻出肉垂、脖子（图4.187~图4.189）。

图4.187　　　　　　　　图4.188　　　　　　　　图4.189

③取块料雕出凤凰的头冠（图4.190和图4.191）。

图4.190   图4.191

④用手刀刻出身体的鳞片，用拉刀拉出腿部的线，用手刀取出，再将爪的大形确定好（图4.192～图4.195）。

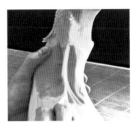

图4.192   图4.193   图4.194   图4.195

⑤取一段南瓜，用V形戳刀戳好尾巴的大形，再用手刀刻出尾巴的细羽，然后用手刀取出（图4.196～图4.198）。

图4.196   图4.197   图4.198

⑥取手刀雕出相思羽，然后用V形戳刀戳出脖颈上的细羽，再做出牡丹花（图4.199～图4.202）。

图4.199   图4.200   图4.201   图4.202

⑦取出翅膀的大形，用手刀雕出翅膀的羽毛（图4.203和图4.204）。

图4.203   图4.204

⑧将雕好的尾巴、翅膀和牡丹花组装在一起（图4.205～图4.207）。

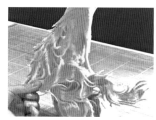  

图4.205   图4.206   图4.207

⑨成品图（图4.208）。

图4.208

[任务评价]

评 分 标 准

指 标	总 分	分 值	评分标准
凤凰	80	30	大形比例合适，形象逼真，形态自然，羽毛厚薄均匀，层次明显。
		30	大形比例合适。
		20	大形臃肿，整体搭配不够合理。
卫生	20	20	成品整洁，装盘卫生，操作行为规范，操作过程清洁卫生。

小贴士

1.凤凰的特征：鸡头、燕颔、蛇颈、龟背、鱼尾。

2.凤凰是雌雄统称，雄为凤，雌为凰，总称凤凰，常用来象征祥瑞。

能力拓展

凤凰

图4.209

任务10 孔雀

[任务]

制作开屏的孔雀。

[目标]

在学习了不同种类鸟的雕刻后，综合各种手法、技法能够设计出多种不同形态的孔雀。通过该任务的教学，进一步熟练掌握手刀、U形戳刀、V形戳刀、掏刀等刀具的运用。

1）原料选择

南瓜、青萝卜、胡萝卜。

2）刀具选用

分料刀、直刀、U形戳刀、V形戳刀、掏刀、拉线刀。

3）雕刻刀法

刻刀法、戳刀法、拉刀法。

4）雕刻过程

①修坯料。取原料，将头部和身体的原料用胶水粘在一起做出孔雀的大形（图4.210和图4.211）。

图4.210　　　　　　　　　　图4.211

②刻出孔雀头。从头部开始，一气呵成地刻出头、嘴、颈、背的大形，然后用手刀修整其形（图4.212～图4.215）。

图4.212　　　　　　图4.213　　　　　　图4.214　　　　　　图4.215

③用小号掏刀做出眼眉，用U形戳刀戳出嘴角，用手刀将棱角去掉（图4.216～图4.218）。

图4.216　　　　　　　　图4.217　　　　　　　　图4.218

④用手刀或者V形戳刀刻出身体的鳞片（图4.219和图4.220）。

图4.219　　　　　　　　　图4.220

⑤用V形戳刀戳出尾巴的初坯，用手刀取出放入清水中浸泡（图4.221和图4.222）。

图4.221　　　　　　　　　　　　　　　图4.222

⑥取大片的料粘接在尾部做底托，将尾巴羽毛一根根用胶水粘贴好。粘贴尾巴时，应呈扇形一层一层依次往上粘贴（图4.223～图4.225）。

图4.223　　　　　　　　　图4.224　　　　　　　　　图4.225

⑦取一段南瓜，戳出尾巴上用于装饰的细羽，用拉线刀做出飞羽（图4.226～图4.229）。

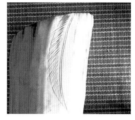

图4.226　　　　　　图4.227　　　　　　图4.228　　　　　　图4.229

⑧将取好的翅膀的料去掉外皮，用手刀雕出翅膀的羽毛（图4.230～图4.233）。

图4.230　　　　　　图4.231　　　　　　图4.232　　　　　　图4.233

⑨取一块料雕出孔雀的鸟爪和头冠，将雕好的翅膀和鸟爪组装在孔雀身体上（图4.234和图4.235）。

图4.234　　　　　　　　　　　　　　　图4.235

⑩取料，用手刀与U形戳刀做出花枝、牡丹花、花叶（图4.236～图4.238）。

图4.236

图4.237

图4.238

⑪将雕好的翅膀、花枝、花叶、花组合在一起（图4.239～图4.241）。

图4.239

图4.240

图4.241

[任务评价]

评 分 标 准

指 标	总 分	分 值	评分标准
孔雀	80	30	大形比例合适，形象逼真，形态自然，羽毛厚薄均匀，层次明显。
		30	大形比例合适。
		20	大形比例不合适，整体搭配不够合理。
卫生	20	20	成品整洁，装盘卫生，操作行为规范，操作过程清洁卫生。

小 贴 士

1. 孔雀的颈部呈S形，见图4.211。

2. 安装尾巴时应从最后面的羽毛呈扇形一层一层依次往上粘贴，见图4.223和图4.224。

3. 尾巴羽毛戳制时要细长。

能 力 拓 展

孔雀

图4.242

任务11　凤戏牡丹（豆腐雕）

[任务]

尝试以豆腐为原料制作豆腐雕凤凰。

[目标]

了解在制作豆腐雕时，应注意的几个方面（下刀的角度、深度、弧度等）。

1）原料选择

嫩豆腐。

2）刀具选用

切片刀、手刀、拉刀、掏刀。

3）雕刻刀法

刻刀法、拉刀法、掏刀法。

4）雕刻过程

①用长刀将豆腐老皮削掉，用掏刀把豆腐的废料去掉，将凤凰头部的大形确定好（图4.243和图4.244）。

图4.243　　　　　　　　　　　图4.244

②用手刀轻轻地雕出凤凰头部，剔去废料（图4.245和图4.246）。

图4.245　　　　　　　　　　　图4.246

③用手刀划出颈部羽毛，去掉薄薄的废料将羽毛突出（图4.247和图4.248）。

图4.247　　　　　　　　　　　图4.248

④用掏刀雕出凤凰身体的大形，用U形戳刀戳出翅膀的羽毛，用手刀去掉废料并将翅膀羽毛突出（图4.249～图4.252）。

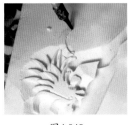

图4.249

图4.250

图4.251

图4.252

⑤用手刀雕出第一层和第二层的翅膀羽毛（图4.253～图4.256）。

图4.253

图4.254

图4.255

图4.256

⑥用手刀雕出尾巴初羽，用拉线刀拉出尾巴中线，用手刀刻出尾巴的羽毛（图4.257～图4.260）。

图4.257

图4.258

图4.259

图4.260

⑦去除废料，将尾巴突出，用拉线刀拉出装饰线条，用同样办法做出另外两条尾巴（图4.261～图4.264）。

图4.261

图4.262

图4.263

图4.264

⑧用掏刀取一横截面做牡丹花，用手刀取一圆柱体做牡丹花花苞（图4.265和图4.266）。

图4.265

图4.266

⑨用手刀削去一点废料，按豆腐雕牡丹花的制作方法雕出牡丹花和叶片（图4.267和图4.268）。

图4.267　　　　　　　　　　　　图4.268

⑩用手刀和掏刀去掉废料，将凤凰和牡丹花突出，用掏刀将底部掏成假山状（图4.269～图4.271）。

图4.269　　　　　　　　　　　　图4.270

图4.271

[任务评价]

评 分 标 准

指　标	总　分	分　值	评分标准
豆腐雕	80	30	大形比例合适，形象逼真，形态自然，层次明显，花瓣完整，厚薄均匀。
		30	花形美观，去料干净。

指　标	总　分	分　值	评分标准
豆腐雕	80	20	整体搭配不够合理，下刀不准确，废料剔除不干净。
卫生	20	20	成品整洁，装盘卫生，操作行为规范，操作过程清洁卫生。

小 贴 士

1. 操作时控制好下刀的深度和角度。

2. 操作时要控制凤凰的身体比例。

能 力 拓 展

豆腐雕《花好月圆》

图4.272

项目5

祥兽类

【内容提要】

本项目主要学习走兽类的头部和整体作品的雕刻。在每个任务中，要把握各自不同的特征，多练习，多尝试。只有这样，才能掌握每个任务的制作方法和技巧。

任务1　马　头

[任务]

完成马头部大形、嘴唇、鼻翼脸部肌肉的制作。

[目标]

通过该任务的教学，掌握掏刀、平口刀、U形戳刀等刀具的外形特点、运用方法，了解马头部的制作方法。

1）原料选择

香芋。

2）刀具选用

切片刀、手刀、拉刀、掏刀、V形戳刀、U形戳刀。

3）雕刻刀法

刻刀法、掏刀法、戳刀法。

4）雕刻过程

①用分料刀将原料切成长方形的块，用手刀刻出马头的大形（图5.1和图5.2）。

图5.1　　　　　　　　　　　　　　图5.2

②用手刀雕出马脸部的弧度（图5.3和图5.4）。

图5.3　　　　　　　　　　　　　　图5.4

③用手刀雕出眼睛的轮廓，将后面的废料去掉（图5.5和图5.6）。

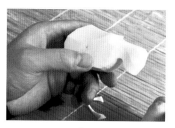

图5.5 图5.6

④用U形戳刀戳出鼻翼和眼睛的位置（图5.7和图5.8）。

图5.7 图5.8

⑤用手刀将鼻翼的棱角去掉，用画笔确定马嘴的大形（图5.9和图5.10）。

图5.9 图5.10

⑥将马嘴雕好后，用掏刀拉出脸颊的大形，用砂纸打磨光滑；用V形戳刀戳出牙齿（图5.11～图5.14）。

图5.11 图5.12 图5.13 图5.14

⑦成品图（图5.15和图5.16）。

图5.15 图5.16

[任务评价]

评 分 标 准

指 标	总 分	分 值	评分标准
马头	80	30	比例恰当，神态姿势生动，表面处理干净，肌肉圆润，筋络突出、清晰。
		30	外形美观自然，比例比较适当，肌肉层次、角度控制较好。
		20	造型一般，有少处破刀，肌肉层次感较差。
卫生	20	20	成品整洁，装盘卫生，操作行为规范，操作过程清洁卫生。

小 贴 士

1.马脸部的长度为头部长度的1/2左右。

2.雕刻嘴时，用U形戳刀定大形。

3.在肌肉和骨骼的处理上，用砂纸打磨效果最好。

能 力 拓 展

马头雕塑

图5.17

任务2 龙 头

[任务]

完成龙头的鼻翼、龙角、额头、鬃发、牙齿、咬口肌的制作。

[目标]

通过对龙头的学习，了解龙头的制作方法以及在细节上的处理方法。

1）原料选择

胡萝卜。

2）刀具选用

手刀、U形戳刀、掏刀。

3）雕刻刀法

刻刀法、拉刀法。

4）雕刻过程

①用分料刀将原料切成长方形的段，用手刀刻出鼻子的大形（图5.18～图5.21）。

图5.18　　　　　　图5.19　　　　　　图5.20　　　　　　图5.21

②平取出鼻梁和额头，刻出眼睛和额头的位置（图5.22和图5.23）。

图5.22　　　　　　　　　　图5.23

③刻出眼睛和鼻子，用画笔定好嘴角的大形（图5.24和图5.25）。

 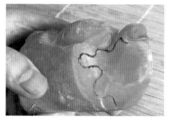

图5.24　　　　　　　　　　图5.25

④用手刀雕出嘴角和咬口肌，将棱角用手刀去掉，用手刀取出额头和龙角（图5.26～图5.29）。

 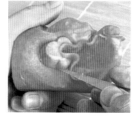  

图5.26　　　　　　图5.27　　　　　　图5.28　　　　　　图5.29

⑤用V形戳刀戳出牙齿，取料切成尖三角形，雕出獠牙（图5.30和图5.31）。

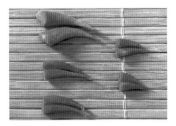

图5.30　　　　　　　　　　　　图5.31

⑥取一块料雕出龙角、耳朵、胡须、龙舌（图5.32～图5.35）。

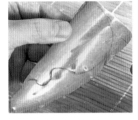

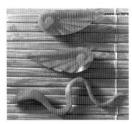

图5.32　　　　　图5.33　　　　　图5.34　　　　　图5.35

⑦将所有配件用胶水粘上（图5.36和图5.37）。

图5.36　　　　　　　　　　　　图5.37

[任务评价]

评 分 标 准

指　标	总　分	分　值	评分标准
龙头	80	30	龙头呈现出立体感，嘴角形象生动，无破刀。
		30	造型美观，比例大小比较适当，层次、角度控制较好。
		20	龙头没有整体的立体感。
卫生	20	20	成品整洁，装盘卫生，操作行为规范，操作过程清洁卫生。

小 贴 士

1.龙头嘴部要窄。

2.嘴部运刀自然流畅，不宜多停顿，咬口肌要饱满。

能 力 拓 展

腾龙

图5.38

 **任务3　马**

[任务]

完成马的制作。

[目标]

通过本任务的教学，掌握掏刀、平口刀、U形戳刀等刀具的外形特点、运用方法。掌握刻、旋等基本技法，并能较熟练地使用这些刀具，运用相应技法雕刻出常见动物。能设计、制作动物这一主题作品的雕刻。

1）原料选择
香芋。
2）刀具选用
分料刀、手刀、U形戳刀、V形戳刀、掏刀。
3）雕刻刀法
刻刀法、戳刀法、拉刀法、掏刀法。
4）雕刻过程
①用分料刀将原料切成厚片，用主刀开出身体大形，粘接上脖子的大形（图5.39和图5.40）。

图5.39 图5.40

②用分料刀将原料切成长方形的块，用手刀刻出马头的大形（图5.41和图5.42）。

图5.41 图5.42

③用U形戳刀刻出眼睛的位置，刻出鼻和嘴的大形；用掏刀刻出骨骼，打磨细节（图5.43～图5.46）。

图5.43 图5.44 图5.45 图5.46

④用手刀雕出马腿，用U形戳刀和掏刀做出骨骼和筋络（图5.47～图5.50）。

图5.47 图5.48 图5.49 图5.50

⑤用同样的方法做出马的四条腿，并将身体肌肉大形用掏刀取出（图5.51）。

图5.51

⑥先将脖子切平，再将马头接上，然后用U形戳刀戳出脖子的肌肉大形（图5.52和图5.53）。

图5.52   图5.53

⑦用掏刀做出腿部和腹部连接地方的皮和腿部的肌肉大形（图5.54和图5.55）。

图5.54   图5.55

⑧刻出尾巴的大形，用V形戳刀戳出尾巴的线条（图5.56～图5.58）。

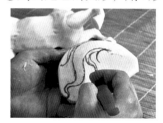

图5.56   图5.57   图5.58

⑨取香芋，切成薄片，雕出马的鬃毛，用胶水将其粘在脖子上（图5.59和图5.60）。

图5.59   图5.60

⑩将雕好的身体用手刀去掉棱角，并用砂纸打磨光滑；将尾巴装好（图5.61和图5.62）。

图5.61   图5.62

⑪取一段南瓜刻出飘带（图5.63和图5.64）。

图5.63   图5.64

⑫将飘带粘到马的脖子上（图5.65）。

图5.65

[任务评价]

评分标准

指　标	总　分	分　值	评分标准
马	80	30	比例恰当，神态姿势生动，表面处理干净，肌肉圆润，筋络突出、清晰，鬃毛、尾巴飘逸。
		30	外形美观自然，比例比较适当，层次、角度控制较好。
		20	造型一般，有少处破刀，肌肉层次感较差。
卫生	20	20	成品整洁，装盘卫生，操作行为规范，操作过程清洁卫生。

小贴士

1. 马的头部、颈部、身长、腿长、尾长比例为1：1.5：5：2.5：1。
2. 肌肉骨骼用U形戳刀或者掏刀去材料，这样身体就不会有破刀。
3. 鬃毛、尾巴呈S形去料。
4. 用砂纸打磨更能体现马的质感。

能 力 拓 展

腾飞

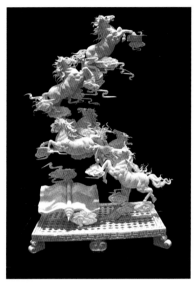

图5.66

 任务4 龙

[任务]

完成龙的雕刻。

[目标]

通过本任务的教学，掌握直刀法、刻刀法、旋刀法等刀法在龙的身体、龙爪、鬃毛、龙头、尾巴的制作中的运用，进一步提升设计创新、实践制作的能力。

1）原料选择
白萝卜、胡萝卜、青萝卜。
2）刀具选用
分料刀、手刀、U形戳刀、V形戳刀、掏刀。
3）雕刻刀法
刻刀法、戳刀法、拉刀法、掏刀法。
4）雕刻过程
①用分料刀将原料切成长方形的段，用手刀刻出鼻子的大形（图5.67和图5.68）。

图5.67   图5.68

②平取出鼻梁和额头，刻出眼睛，细刻出鼻子（图5.69和图5.70）。

图5.69   图5.70

③刻出嘴的弧度，雕出嘴角（图5.71和图5.72）。

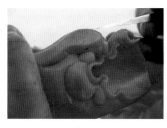

图5.71   图5.72

④用U形戳刀戳出咬口肌，用同样的方法做出另一面（图5.73和图5.74）。

图5.73   图5.74

⑤取料切成尖三角形，雕出獠牙、舌头，并装上（图5.75和图5.76）。

图5.75   图5.76

⑥取一块料雕出龙角、耳朵、胡须，将雕好的龙角、耳朵、胡须组装在龙头上（图5.77～图5.79）。

图5.77　　　　　　　　　图5.78　　　　　　　　　图5.79

⑦取一段原料，切成薄片，雕出鬃毛，并装上（图5.80和图5.81）。

图5.80　　　　　　　　　图5.81

⑧用分料刀将原料切成长方形的块，粘接出身体大形（图5.82和图5.83）。

图5.82　　　　　　　　　图5.83

⑨修去四边，刻出腹部，以及身体的鳞片（图5.84和图5.85）。

图5.84　　　　　　　　　图5.85

⑩雕出龙爪，先刻出腿，再取一块料雕出龙爪，然后组装在一起（图5.86～图5.90）。

图5.86　　　　　　　　　图5.87　　　　　　　　　图5.88

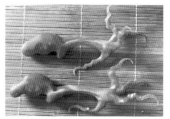

图5.89　　　　　　　　　　　　　图5.90

⑪刻出龙尾和背鳍，装在身体上（图5.91和图5.92）。

图5.91　　　　　　　　　　　　　图5.92

⑫取一段原料雕出假山和水花（图5.93）。

图5.93

⑬将所有部件组装在一起（图5.94～图5.96）。

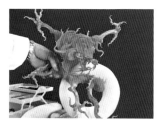

图5.94　　　　　　　　图5.95　　　　　　　　图5.96

⑭成品图（图5.97）。

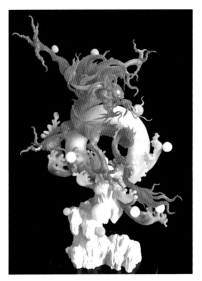

图5.97

[任务评价]

评分标准

指 标	总 分	分 值	评分标准
龙	80	30	龙头呈现立体感，身体弯曲自然有力道，整个作品布局合理，形象生动。
		30	造型美观，色彩搭配自然，比例大小比较适当，层次、角度控制较好。
		20	身体在一个平面上，未能体现S形，龙头没有整体的立体感。
卫生	20	20	成品整洁，装盘卫生，操作行为规范，操作过程清洁卫生。

小贴士

1.龙头嘴部要窄。

2.嘴部运刀自然流畅，不宜多停顿，咬口肌要饱满。

3.身体拼接呈S形，水花要呈水滴形状。

4.组装时注意整体的美感。

能力拓展

龙凤呈祥

图5.98

 任务5　麒　麟

[任务]

完成麒麟的雕刻。

[目标]

通过本任务的教学，了解麒麟与马、龙的区别与相同之处。进一步掌握龙头、马的身体、鳞片的制作方法，逐步学会主题作品的造型设计技巧。

1）原料选择
胡萝卜。
2）刀具选用
分料刀、手刀、U形戳刀、V形戳刀、掏刀。
3）雕刻刀法
刻刀法、戳刀法、拉刀法、掏刀法。
4）雕刻过程
①用分料刀将原料切成长方形的段，用手刀刻出鼻子的大形（图5.99和图5.100）。

图5.99

图5.100

②平取出鼻梁和额头，刻出眼睛和鼻子（图5.101和图5.102）。

图5.101　　　　　　　　　　　图5.102

③刻出嘴的弧度，雕出嘴角（图5.103和图5.104）。

图5.103　　　　　　　　　　　图5.104

④用手刀刻出咬口肌和额头，用砂纸打磨光滑（图5.105和图5.106）。

图5.105　　　　　　　　　　　图5.106

⑤取料切成尖三角形，雕出獠牙、舌头，装上（图5.107和图5.108）。

图5.107　　　　　　　　　　　图5.108

⑥取一块料雕出龙角、耳朵、胡须，将雕好的龙角、耳朵、胡须组装在龙头上，再取一段原料，切成薄片，雕出鬃毛，装上（图5.109～图5.112）。

  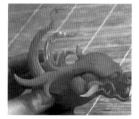 

图5.109　　　　　　图5.110　　　　　　图5.111　　　　　　图5.112

⑦用分料刀将原料切成一定的角度，粘出身体大形；用画笔定好四条腿的大形，用手刀雕出大形（图5.113~图5.116）。

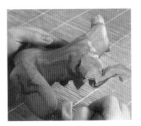

图5.113　　　　　　图5.114　　　　　　图5.115　　　　　　图5.116

⑧用手刀修去四边，先刻出腹部，再刻出身体的鳞片（图5.117和图5.118）。

图5.117　　　　　　　　　　图5.118

⑨先刻出腿，再取块料雕出龙爪（图5.119和图5.120）。

图5.119　　　　　　　　　　图5.120

⑩刻出麒麟尾和背鳍，装在身体上（图5.121~图5.124）。

图5.121　　　　　　图5.122　　　　　　图5.123　　　　　　图5.124

⑪用掏刀拉出腿部的肌肉骨骼，将爪装上（图5.125~图5.127）。

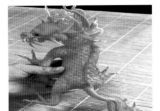

图5.125　　　　　　　图5.126　　　　　　　图5.127

[任务评价]

评 分 标 准

指 标	总 分	分 值	评分标准
麒麟	80	30	龙头呈现立体感，身体弯曲，自然有力，整个作品布局合理，形象生动。
		30	造型美观，色彩搭配自然，比例大小比较适当，层次、角度控制较好。
		20	身体在一个平面上，未能体现身体形态。
卫生	20	20	成品整洁，装盘卫生，操作行为规范，操作过程清洁卫生。

小 贴 士

1. 麒麟头部和龙头一致。

2. 嘴部运刀自然流畅，不宜多停顿，咬口肌要饱满。

3. 4条腿要保持错落有致。

4. 组装时注意整体的美感。

能 力 拓 展

麒麟玉书

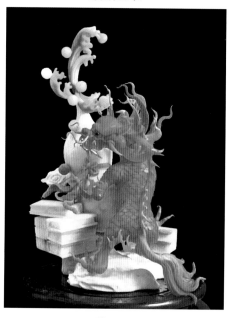

图5.128

项目6

鱼虫类

【内容提要】

本项目学习鱼虾虫类的雕刻。通过学习训练，学会鱼虾虫类的雕刻技巧和方法。

任务1　蝈　蝈

[任务]

运用学会的雕刻工艺完成蝈蝈的制作。

[目标]

了解并掌握蝈蝈的制作方法，并能通过设计，制作"蝈蝈白菜"等主题雕刻作品。

1）原料选择

南瓜。

2）刀具选用

手刀、V形戳刀、U形戳刀。

3）雕刻刀法

刻刀法、戳刀法。

4）雕刻过程

①取南瓜切成长方形的块，用手刀雕出头部的弧度，再用手刀雕出头部和背部的大形（图6.1和图6.2）。

图6.1　　　　　　　　　　　　　　　图6.2

②用手刀细刻出头部（图6.3和图 6.4）。

图6.3　　　　　　　　　　　　　　　图6.4

③先用手刀将背部的棱角去掉，再用U形戳刀戳出头部的大形，将翅膀的位置确定好（图6.5和图6.6）。

图6.5　　　　　　　　　　　　　　图6.6

④用手刀刻出翅膀，将身体的大形取出（图6.7~图6.10）。

　图6.7　　　　　　　图6.8　　　　　　　图6.9　　　　　　　图6.10

⑤用手刀刻出腹部的弧度，将腹部雕好（图6.11）。

图6.11

⑥将蝈蝈的眼睛装上，取片料做后腿（图6.12和图6.13）。

图6.12　　　　　　　　　　　　　图6.13

⑦用手刀雕出后腿及前腿，粘在身体上（图6.14和图6.15）。

图6.14　　　　　　　　　　　　　图6.15

⑧用细牙签取细丝装在头部（图6.16）。

图6.16

[任务评价]

评 分 标 准

指 标	总 分	分 值	评分标准
蝈蝈	80	30	形态生动逼真，比例恰当，刀纹清晰，无虚刀。
		30	身体结构正确，去料干净。
		20	形状一般，不符合标准。
卫生	20	20	成品整洁，装盘卫生，操作行为规范，操作过程清洁卫生。

小 贴 士

1.蝈蝈的后腿长度要超过身体的长度。

2.在原料的选择上，一般以青色为主。

3.对于翅膀，可以用组装的方法，制作好后粘上去。

能 力 拓 展

蝈蝈白菜

图6.17

任务2　螳　螂

[任务]

运用掌握的雕刻工艺雕刻出螳螂。

[目标]

通过蝈蝈和螳螂的制作，了解昆虫类的制作方法，并能熟练掌握。

1）原料选择

青萝卜。

2）刀具选用

手刀、U形戳刀、V形戳刀。

3）雕刻刀法

刻刀法、戳刀法。

4）雕刻过程

①用手刀雕出螳螂的身体大形（图6.18和图6.19）。

图6.18　　　　　　　　　　　　图6.19

②用手刀轻轻地雕出螳螂头部，剔去废料，将脖子部刻成竹节状；用手刀划出翅膀（图6.20和图6.21）。

图6.20　　　　　　　　　　　　图6.21

③用手刀刻出腹部的层次（图6.22和图6.23）。

图6.22　　　　　　　　　　　　图6.23

④取青萝卜，用手刀刻出螳螂前爪大形，雕出前爪上的锯齿（图6.24和图6.25）。

图6.24　　　　　　　　　　　　图6.25

⑤将雕好的前爪用胶水粘上（图6.26和图6.27）。

图6.26　　　　　　　　　　　　图6.27

⑥用手刀雕出后腿（图6.28和图6.29）。

图6.28　　　　　　　　　　　　图6.29

⑦取一根牙签做细须，将后腿和细须装上（图6.30和图6.31）。

图6.30　　　　　　　　　　　　图6.31

[任务评价]

评 分 标 准

指 标	总 分	分 值	评分标准
螳螂	80	30	形态生动逼真，比例恰当，刀纹清晰无虚刀。
		30	身体结构正确，去料干净。
		20	形状一般，不符合标准。
卫生	20	20	成品整洁，装盘卫生，操作行为规范，操作过程清洁卫生。

小 贴 士

1. 螳螂的前肢呈Z形。

2. 脖颈部位呈竹节状。

3. 前肢组装的角度要一上一下。

能 力 拓 展

蝶恋花

图6.32

 任务3　蝴蝶（平雕）

[任务]

运用平面雕刻制作蝴蝶。

[目标]

掌握蝴蝶的制作，了解其他类似的制作方法，并能熟练掌握。

1）原料选择

心里美萝卜。

2）刀具选用

手刀、U形戳刀、V形戳刀。

3）雕刻刀法

刻刀法、戳刀法。

4）雕刻过程

①用笔画出蝴蝶的形状，用手刀刻出最上面的翅膀（图6.33和图6.34）。

图6.33　　　　　　　　　　　　图6.34

②取一层薄薄的废料刻出第一层，然后做出第二层（图6.35和图6.36）。

图6.35　　　　　　　　　　　　图6.36

③用手刀刻出腹部和触角（图6.37和图6.38）。

图6.37　　　　　　　　　　　　图6.38

④刻出翅膀上的装饰花纹（图6.39～图6.41）。

图6.39　　　　　　　图6.40　　　　　　　图6.41

⑤用手刀取出（图6.42和6.43）。

图6.42   图6.43

[任务评价]

评分标准

指　标	总　分	分　值	评分标准
蝴蝶	80	30	形态生动逼真，比例恰当，刀纹清晰无虚刀。
		30	身体结构正确，去料干净。
		20	形状一般，不符合标准。
卫生	20	20	成品整洁，装盘卫生，操作行为规范，操作过程清洁卫生。

小贴士

1.第一层与第二层连接处下刀不要太深，不然会割离。
2.形状和装饰花纹可以有很多形式。

能力拓展

蝶恋花

图6.44

任务4 水　花

[任务]

掌握水花的制作。

[目标]

通过小朵水花的制作学习，掌握成片浪花的制作方法。

1）原料选择

青萝卜。

2）刀具选用

手刀、掏刀。

3）雕刻刀法

刻刀法、戳刀法。

4）雕刻过程

①用手刀雕出水花的大形（图6.45和图6.46）。

图6.45　　　　　　　　　　　图6.46

②用手刀走S形刻出浪头（图6.47和图6.48）。

图6.47　　　　　　　　　　　图6.48

③用手刀修掉棱角，用掏刀拉刻出根部的线条（图6.49和图6.50）。

图6.49

图6.50

④成品图（图6.51）。

图6.51

[任务评价]

评 分 标 准

指 标	总 分	分 值	评分标准
水花	80	30	形态生动逼真，比例恰当，刀纹清晰无虚刀。
		30	结构正确，去料干净。
		20	形状一般，不符合标准。
卫生	20	20	成品整洁，装盘卫生，操作行为规范，操作过程清洁卫生。

小 贴 士

1.将浪头与空余的部位都刻成圆形。
2.整个浪花的大形呈月牙形弧度。

能 力 拓 展

水花

图6.52

任务5 云 朵

[任务]

了解云朵的结构。

[目标]

通过学习云朵的制作，掌握团云的制作方法。

1）原料选择

胡萝卜（或南瓜、白萝卜、香芋等）。

2）刀具选用

手刀。

3）雕刻刀法

刻刀法。

4）雕刻过程

①用笔画出云朵的图案，用手刀按图案刻出（图6.53和图6.54）。

图6.53　　　　　　　　　　　图6.54

②用手刀顺着刻好的图案去废料，注意下刀不要太深（图6.55和图6.56）。

图6.55　　　　　　　　　　　图6.56

③在做好的第一层云朵下做出第二层（图6.57和图6.58）。

图6.57

图6.58

④用同样的方法做出整个云朵，注意层次（图6.59和图6.60）。

图6.59

图6.60

[任务评价]

评 分 标 准

指 标	总 分	分 值	评分标准
云朵	80	30	形态生动逼真，层次分明，刀纹清晰无虚刀。
		30	结构正确，去料干净。
		20	形状一般，不符合标准。
卫生	20	20	成品整洁，装盘卫生，操作行为规范，操作过程清洁卫生。

小 贴 士

1.云朵花纹呈螺旋形。

2.两朵之间可用S形的线条链接。

能 力 拓 展

云朵

图6.61

任务6　虾

[任务]

掌握虾的身体、须的基本特征，完成虾的制作。

[目标]

通过对虾的雕刻学习和练习，了解水产类原料的雕刻方法与技巧。

1）原料选择

南瓜。

2）刀具选用

手刀、U形戳刀、V形戳刀。

3）雕刻刀法

刻刀法、戳刀法。

4）雕刻过程

①取一段南瓜，用刀切成厚1～1.5厘米的片，用手刀雕出身体大形（图6.62和图6.63）。

图6.62

图6.63

②用手刀削去身体上的棱角，用V形戳刀戳出虾头大形，用小号U形戳刀戳出眼睛（图6.64和图6.65）。

图6.64

图6.65

③用手刀去掉废料突出眼睛，刻出虾头中间的硬刺，修出齿状（图6.66和图6.67）。

图6.66 图6.67

④用手刀去掉废料突出虾头，用V形戳刀雕出虾尾（图6.68和图6.69）。

图6.68 图6.69

⑤用U形戳刀戳出尾巴（图6.70和图6.71）。

图6.70 图6.71

⑥用V形戳刀戳出小划水，用手刀刻出小爪（图6.72和图6.73）。

图6.72 图6.73

⑦用手刀两边斜切进去，取出虾身（图6.74和图6.75）。

图6.74 图6.75

⑧用V形戳刀戳出两边长的虾脚和虾须,用手刀取出粘上(图6.76和图6.77)。

图6.76

图6.77

⑨将戳好的虾须用胶水粘上(图6.78)。

图6.78

[任务评价]

评 分 标 准

指　标	总　分	分　值	评分标准
虾	80	30	形态生动逼真,比例恰当,刀纹清晰无虚刀。
		30	身体结构正确,去料干净。
		20	形状一般,不符合标准。
卫生	20	20	成品整洁,装盘卫生,操作行为规范,操作过程清洁卫生。

小 贴 士

1. 虾头与虾身的比例控制在1:1。
2. 虾头中间的硬刺一定要突出。

能 力 拓 展

游虾图

图6.79

任务7 燕 鱼

[任务]

学会燕鱼的造型设计与制作方法；完成燕鱼作品的制作。

[目标]

通过燕鱼的雕刻，进一步掌握水产类的制作方法，特别是头部、鳍、尾巴的制作。

1）原料选择

南瓜。

2）刀具选用

手刀、V形戳刀。

3）雕刻刀法

刻刀法、戳刀法。

4）雕刻过程

①取一片南瓜定好燕鱼的大形，用手刀取出（图6.80～图6.82）。

图6.80   图6.81   图6.82

②用V形戳刀戳出鱼鳍上的线条（图6.83）。

图6.83

③用手刀刻出腮部（图6.84）。

图6.84

④用手刀刻出鳞片（图6.85和图6.86）。

图6.85　　　　　　　　　　　　　图6.86

⑤用V形戳刀戳出长须和腹鳍的线条（图6.87~图6.90）。

图6.87　　　　　　图6.88　　　　　　图6.89　　　　　　图6.90

⑥将长须和腹鳍用胶水粘上（图6.91和图6.92）。

图6.91　　　　　　　　　　　　图6.92

[任务评价]

评分标准

指　标	总　分	分　值	评分标准
燕鱼	80	30	形态生动逼真，比例恰当，刀纹清晰无虚刀。
		30	身体结构正确，去料干净。
		20	形状一般，不符合标准。
卫生	20	20	成品整洁，装盘卫生，操作行为规范，操作过程清洁卫生。

小 贴 士

1.燕鱼的身体呈两个三角形。

2.背鳍和尾巴两面都要推薄，有弧度。

能 力 拓 展

燕鱼

图6.93

 任务8 金 鱼

[任务]

掌握金鱼的基本特征，学会造型设计，完成金鱼的制作。

[目标]

通过对金鱼的鱼鳞、鱼身、鱼尾的雕刻学习，进一步掌握鱼类的制作方法与技巧。

1）原料选择

南瓜。

2）刀具选用

手刀、U形戳刀、V形戳刀、掏刀。

3）雕刻刀法

刻刀法、戳刀法、拉刀法。

4）雕刻过程

①取一段南瓜，画出金鱼身体的大形，用U形戳刀戳出身体和尾巴连接的部位（图6.94

和图6.95）。

图6.94

图6.95

②用手刀刻出身体的大形（图6.96和图6.97）。

图6.96

图6.97

③用手刀雕出尾巴的大形，用U形戳刀戳出金鱼的背部（图6.98～图6.100）。

图6.98

图6.99

图6.100

④用手刀和V形戳刀雕出金鱼嘴（图6.101和图6.102）。

图6.101

图6.102

⑤用手刀刻出金鱼腮部（图6.103和图6.104）。

图6.103

图6.104

⑥用手刀雕出身体的鳞片（图6.105和图6.106）。

图6.105   图6.106

⑦用掏刀做出尾巴起伏的弧度，用V形戳刀戳出线条（图6.107～图6.110）。

图6.107   图6.108   图6.109   图6.110

⑧取小片心里美萝卜，用U形戳刀戳出金鱼头冠（图6.111和图6.112）。

图6.111   图6.112

⑨取小片南瓜刻出金鱼背鳍和腹鳍大形，用V形戳刀戳好线条（图6.113～图6.116）。

图6.113   图6.114   图6.115   图6.116

⑩将背鳍、腹鳍用胶水粘上（图6.117和图6.118）。

图6.117   图6.118

[任务评价]

评 分 标 准

指 标	总 分	分 值	评分标准
金鱼	80	30	形态生动逼真，比例恰当，刀纹清晰无虚刀。
		30	身体结构正确，去料干净。
		20	形状一般，不符合标准。
卫生	20	20	成品整洁，装盘卫生，操作行为规范，操作过程清洁卫生。

小 贴 士

1.金鱼身体和尾巴长度比例控制在1:1.5。

2.鱼鳞的制作方法一般分三种：第一种是用手刀刻，刻一层去一层废料；第二种是用U形戳刀戳鳞片，然后再去一层废料；第三种是直接用V形戳刀戳出鳞片的线条。

能 力 拓 展

金鱼戏莲

图6.119

任务9 鲤 鱼

[任务]

完成鲤鱼的制作。

[目标]

了解鲤鱼的相关知识，重点把握鲤鱼的各种造型姿态，通过合理的组装，能够制作各种形态的鲤鱼作品。

1）原料选择

南瓜。

2）刀具选用

手刀、U形戳刀、V形戳刀。

3）雕刻刀法

刻刀法、戳刀法。

4）雕刻过程

①先用手刀将鲤鱼的身体大形雕好（图6.120和图6.121）。

图6.120　　　　　　　　　图6.121

②用U形戳刀戳出鲤鱼背部和腹部的大形（图6.122和图6.123）。

图6.122　　　　　　　　　图6.123

③将鲤鱼头的前端交叉点切成鱼嘴，用V形戳刀戳出嘴唇，然后用手刀将棱角去净（图6.124和图6.125）。

图6.124　　　　　　　　　图6.125

④用手刀刻出鱼鳃，用U形戳刀戳出眼睛的部位（图6.126和图6.127）。

图6.126

图6.127

⑤用手刀将身体的鳞片刻出，用V形戳刀戳出尾巴的线条（图6.128～图6.130）。

图6.128

图6.129

图6.130

⑥取一片料修成背鳍的形状（图6.131和图6.132）。

图6.131

图6.132

⑦用U形戳刀戳出背鳍大形弧度，用V形戳刀戳出线条（图6.133和图6.134）。

图6.133

图6.134

⑧取小片料刻出腹鳍（图6.135和图6.136）。

图6.135

图6.136

⑨将腹鳍用胶水粘在身体上（图6.137和图6.138）。

图6.137

图6.138

[任务评价]

评 分 标 准

指　标	总　分	分　值	评分标准
鲤鱼	80	30	形态生动逼真，比例恰当，刀纹清晰无虚刀。
		30	身体结构正确，去料干净。
		20	形状一般，不符合标准。
卫生	20	20	成品整洁，装盘卫生，操作行为规范，操作过程清洁卫生。

小 贴 士

1. 鲤鱼头部一般占身体的1/3。

2. 在鲤鱼的尾部和背鳍的处理上，尾部要突出翻腾的效果，背鳍要适当大点。

能 力 拓 展

嬉戏

图6.139

项目7

瓜雕类

【内容提要】

　　本项目主要学习花卉类的雕刻。花卉雕刻是食品雕刻的基础，以训练基本刀法、手法为主。这些内容也是学习和提高雕刻技艺的关键。

任务1 现代西瓜雕1

[任务]

用手刀制作西瓜雕。

[目标]

了解并掌握西瓜雕的各种制作方法。

1）原料选择

西瓜（或哈密瓜等）。

2）刀具选用

手刀。

3）雕刻刀法

刻刀法。

4）雕刻过程

①取西瓜在其顶部先确定一个点，在四周用手刀刻出几个水滴形（图7.1和图7.2）。

图7.1   图7.2

②花心部刻好后，在两片之间去掉圆弧形废料，用抖刀的方法刻出花瓣（图7.3和图7.4）。

图7.3   图7.4

③用同样的方法将一层整个刻出（图7.5和图7.6）。

图7.5   图7.6

④再用同样的办法依次做出下面几层花瓣（图7.7和图7.8）。

图7.7   图7.8

⑤成品图（图7.9）。

图7.9

[任务评价]

评分标准

指　标	总　分	分　值	评分标准
西瓜雕	80	30	花瓣厚薄适当，层次分明，花形多样，形象逼真，色彩自然。
		30	花形美观，色彩自然，花瓣厚薄比较适当，层次、角度控制较好。
		20	花形一般，有少量断裂花瓣，层次感差，花心收拢不自然，色彩运用不够合理。
卫生	20	20	成品整洁，装盘卫生，操作行为规范，操作过程清洁卫生。

小 贴 士

西瓜雕的制作方法以体现色泽层次为主，在选瓜时应以瓜皮不脆裂的为好。

能力拓展

西瓜雕1

图7.10

 任务2　现代西瓜雕2

[任务]

用手刀制作西瓜雕。

[目标]

了解并掌握从花心开始制作花卉的方法。

1）原料选择
西瓜。
2）刀具选用
手刀。
3）雕刻刀法
刻刀法。
4）雕刻过程
①取西瓜去表皮，用手刀刻出圆柱形花心大形（图7.11和图7.12）。

图7.11

图7.12

②去掉废料，定出第一片花瓣位置（图7.13和图7.14）。

图7.13　　　　　　　　　　　　图7.14

③用同样的方法，在每片花瓣1/3处下刀，刻出花瓣（图7.15和图7.16）。

图7.15　　　　　　　　　　　　图7.16

④用同样的办法，依次做出另外几朵（图7.17和图7.18）。

图7.17　　　　　　　　　　　　图7.18

⑤在花的外侧，先用手刀取废料，再刻出交叉重叠的花纹（图7.19和图7.20）。

图7.19　　　　　　　　　　　　图7.20

⑥用同样的方法做出另外几朵花瓣（图7.21~图7.23）。

图7.21　　　　　　　图7.22　　　　　　　图7.23

[任务评价]

评分标准

指 标	总 分	分 值	评分标准
西瓜雕	80	30	花瓣厚薄适当，层次分明，花形多样，形象逼真，色彩自然。
		30	花形美观，色彩自然，花瓣厚薄比较适当，层次、角度控制较好。
		20	花形一般，有少量断裂花瓣，层次感差，花心收拢不自然，色彩运用不够合理。
卫生	20	20	成品整洁，装盘卫生，操作行为规范，操作过程清洁卫生。

小贴士

1. 运刀自然流畅，不宜多停顿，以确保花瓣平整、光滑。

2. 去除废料时，刀尖紧贴外层花瓣根部，废料上宽下尖，呈V形，否则废料不易去除干净。

3. 花瓣上薄下稍厚，使花瓣柔美且具有韧性。

能力拓展

西瓜雕2

图7.24

 ## 任务3　爱你一万年

[任务]

掌握雕刻渐进层次的方法。

[目标]

了解并掌握用西瓜制作玫瑰花。

1）原料选择

西瓜。

2）刀具选用

手刀。

3）雕刻刀法

刻刀法。

4）雕刻过程

①用手刀在西瓜顶部刻出心形，少去点废料（图7.25和图7.26）。

图7.25   图7.26

②用手刀刻出第一层花瓣，去掉薄薄的一层废料（图7.27和图7.28）。

图7.27   图7.28

③在两片花瓣之间刻出花瓣，将整层做出（图7.29和图7.30）。

图7.29   图7.30

④继续用同样的方法做（V形戳刀依次变大）（图7.31和图7.32）。

图7.31   图7.32

⑤用同样的办法依次做出外侧几层的花瓣（图7.33和图7.34）。

图7.33　　　　　　　　　　图7.34

⑥用手刀刻出花朵的大形，做出玫瑰花（图7.35～图7.38）。

图7.35　　　　　图7.36　　　　　图7.37　　　　　图7.38

⑦用同样的方法，将整个西瓜做满玫瑰花（图7.39～图7.42）。

图7.39　　　　　图7.40　　　　　图7.41　　　　　图7.42

[任务评价]

评分标准

指　标	总　分	分　值	评分标准
西瓜雕	80	30	花瓣厚薄适当，层次分明，花形多样，形象逼真，色彩自然。
		30	花形美观，色彩自然，花瓣厚薄比较适当，层次、角度控制较好。
		20	花形一般，有少量断裂花瓣，层次感差，花心收拢不自然，色彩运用不够合理。
卫生	20	20	成品整洁，装盘卫生，操作行为规范，操作过程清洁卫生。

小贴士

1.运刀自然流畅，不宜多停顿，以确保花瓣平整、光滑。

2.去除废料时，刀尖紧贴外层花瓣根部，废料上宽下尖，呈V形，否则废料不易去除干净。

3.花瓣上薄下稍厚，使花瓣柔美且具有韧性。

能 力 拓 展

西瓜雕3

图7.43

 任务4　套环雕

[任务]

用套环刀制作瓜灯。

[目标]

了解并掌握套环刀的使用方法。

1）原料选择

西瓜。

2）刀具选用

手刀、U形戳刀、套环刀。

3）雕刻刀法

戳刀法、刻刀法。

4）雕刻过程

①取半边西瓜，用U形戳刀戳出口部的装饰花纹，用套环刀推出图案，用手刀将底部的底座刻好（图7.44～图7.47）。

图7.44

图7.45

图7.46

图7.47

②先用套环刀勾入原料再翻转，再戳出套环（图7.48和图7.49）。

图7.48　　　　　　　　　　　　图7.49

③将整个底座都做满环环相扣的套环，用牙签取出互相支撑（图7.50~图7.52）。

图7.50　　　　　　　　　　图7.51　　　　　　　　　　图7.52

④圆形套环：用圆规画圆，用笔画出套环，用刀雕出外侧一圈（V形戳刀依次变大）（图7.53和图7.54）。

图7.53　　　　　　　　　　　　图7.54

⑤用套环刀做出内侧相对应的套环（图7.55和图7.56）。

图7.55　　　　　　　　　　　　图7.56

⑥用同样方法做出外两层（图7.57~图7.60）。

图7.57　　　　　　图7.58　　　　　　图7.59　　　　　　图7.60

⑦制作三角形套环（图7.61～图7.65）。

图7.61　　　　　　　　　图7.62　　　　　　　　　图7.63

图7.64　　　　　　　　　图7.65

⑧制作方形套环（图7.66～图7.70）。

图7.66　　　　　　　　　图7.67　　　　　　　　　图7.68

 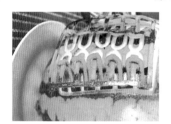

图7.69　　　　　　　　　图7.70

⑨制作半圆形套环（图7.71～图7.73）。

图7.71　　　　　　　　　图7.72　　　　　　　　　图7.73

[任务评价]

评 分 标 准

指 标	总 分	分 值	评分标准
瓜灯	80	30	图案设计精美，层次分明，花形多样，形象逼真，环环相扣。
		30	形象美观，环环相扣，层次、角度控制较好。
		20	形状一般，有少量断裂，层次感差。
卫生	20	20	成品整洁，装盘卫生，操作行为规范，操作过程清洁卫生。

小 贴 士

做瓜灯的西瓜应选不脆不裂的西瓜，最好是黑皮的椭圆形西瓜。

能 力 拓 展

西瓜盅

图7.74

任务5　冬瓜盅

[任务]

掌握镂空制作的方法。

[目标]

了解并掌握镂空制作的方法，学会制作瓜盅。

1）原料选择

冬瓜（或南瓜、西瓜等）。

2）刀具选用

手刀、V形戳刀。

3）雕刻刀法

刻刀法、戳刀法。

4）雕刻过程

①取一段冬瓜，表面画出要刻制的图案，用手刀刻出（图7.75和图7.76）。

图7.75   图7.76

②将图案中多余的部分刻掉（图7.77和图7.78）。

图7.77   图7.78

③去掉废料，用V形戳刀戳出竹节的形状，用手刀去掉外皮（图7.79和图7.80）。

图7.79   图7.80

④用同样的方法依次做出竹节，同时，将冬瓜里面的瓤去掉（图7.81～图7.84）。

图7.81   图7.82   图7.83   图7.84

⑤用V形戳刀戳出竹节的线条（图7.85和图7.86）。

图7.85 　　　　　　　　　　　图7.86

[任务评价]

评分标准

指　标	总　分	分　值	评分标准
冬瓜盅	80	30	图案设计精美，取料厚薄适当，花形多样，形象逼真，色彩自然。
		30	图案美观，花纹刻制厚薄比较适当，层次、角度控制较好。
		20	图案一般，有少量断刀纹，层次感差。
卫生	20	20	成品整洁，装盘卫生，操作行为规范，操作过程清洁卫生。

小贴士

1.在制作冬瓜盅时，不能下刀太深，以防汤汁泄漏。

2.食用时要上笼蒸熟，用勺刮下冬瓜肉与馅料一起食用，瓜皮一般不吃。

能力拓展

冬瓜盅

图7.87

REFERENCES

参考文献

[1] 罗桂金.食品雕刻艺术[M].南京：江苏凤凰教育出版社，2015.

[2] 董道顺.食品雕刻项目化教程[M].北京：中国人民大学出版社，2015.

[3] 罗桂金.冷拼与食品雕刻[M].北京：电子工业出版社，2014.

[4] 周文涌，张大中.食品雕刻技艺实训精解[M].北京：高等教育出版社，2009.